へいかち航海記

―外国航路30年の航跡―

寺村道寛
Teramura Michihiro

風詠社

唐津市大島　国立唐津海員学校全景

同校 28 期航海科　水泳訓練を終えて（昭和 33 年）　筆者前列中央

初乗船の久島丸
昭和 34 年

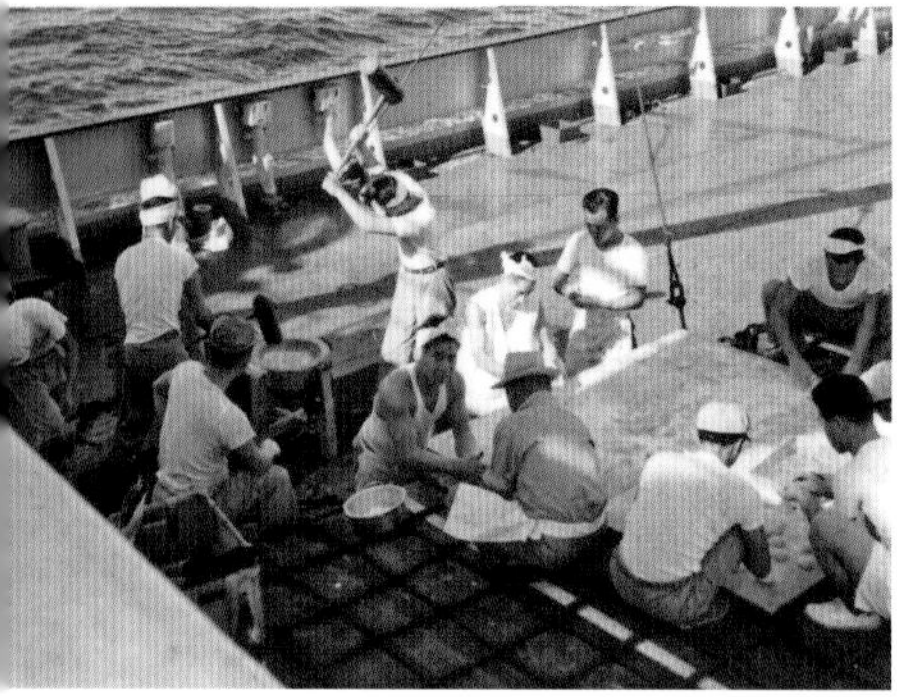

船上で正月の餅つき（久島丸）

大島丸の受け取り初航海記念撮影（飯野重工・舞鶴工場） 昭和 35 年

氷のセントローレンス川（五大湖）を航行（大島丸）

チモール島デイリーでの現地荷役人（峰島丸）昭和 37 年

貨物船船艙内の積み荷（常島丸）

昭和 30 年代の神戸港

1965 年（昭和 40）当時のニューヨーク客船岸壁

羊 2,000 頭を積んで
ジュロン港へ
（すえーでん丸）
昭和 47 年

ダカールの木彫りの土産
昭和 48 年

ダカールで人海による
燐鉱石の積み込み
（大島丸）

重量物の積み込み（じぶらるたる丸） 昭和 49 年

ニューヨーク州州都アルバニーへ（ぱしふぃっくはいうぇい）
昭和 59 年

提案制度入賞の表彰式　昭和 60 年「瑞川丸」

上：LPG 船「くりーんりばー」
昭和 61 年
中：ゴールデンゲートブリッジの下を
航行中の「ごうるでんげいとぶりっじ」 昭和 61 年
下：シリンダー点検作業

神戸港にて子供達と　昭和 61 年

コンテナ船「とらんすわーるどぶりっじ」 昭和 63 年

はじめに

1. 生い立ち

僕は昭和16年12月10日、太平洋戦争が始まった年に鹿児島県高城村麦の浦の巡査だった父の駐在所で生まれた。

父は戦争の激化で臨時召集され、補充兵として熊本の野砲隊へ入隊した。幼児の僕を抱いた親子3人の写真が残っていることから出兵前に撮ったもので、察するに昭和17年春頃には入隊したのだろう。

幼児の僕と父母

兵士として満州に渡ったというが何時、どの港から満州に渡ったのか部隊名すら分からなかった。残されていたのは満州から送られてきた唯一の写真があった。防寒帽に防寒靴姿の父の姿だった。その後、戦局が悪化するに従い18年再編成され、19年頃フィリッピンに転戦となり、最後の激戦地と言われる北部ルソン島バギオへ渡って行っ

満州から送られてきた父の写真

たのだ。そこでの戦いは峻烈を極め4か月の死闘の後5万人以上の生命が失われ、父も昭和20年4月25日、31歳の若さで戦死した。

それは今でいえば当時2年契約での召集だったと母から聞かされた。父の出兵後、母は僕を連れて薩摩郡入来村の実家に戻り、農業の手伝いをしながら家事をしていた。そこには鶏や牛が飼われており、牛は農作業に荷車、田畑の耕作に使用し、生まれた子牛は成長すると品評会に出されて肉牛となり現金収入としていた。鶏の肉と卵は日常の食の糧だった。

幸い田畑があったため、主食となる米、麦や粟、野菜類などを収穫していたので食べ物は何とかしのげたが、当時田舎では水道もなく、裏山から湧き出る水を溜めそれを生活用水にしなければならなかった。トイレも汲み取り式、冷房も暖房もなく、冬は火鉢の炭火で手先しか温まらないのを抱くようにしていた。

物心つく3歳頃には、ご飯を食べている最中に、当時入来小学校の城山といわれていた裏山にあるサイレン台から空襲警報のサイレンがウーンウーンと不気味な音で鳴り響きだすと、サッと叔父に抱きかかえられてすぐ裏山に掘られている防空壕に連れて行かれ避難した。その防空壕は高さ3m、幅3m、奥行4m位の大きさであった。そこには畳も何枚か敷かれ、布団も数枚置かれていた。その年齢ではそのサイレンが鳴るとご飯を残して防空壕に連れて行かれるわけが分かっていなかった。サイパンを陥落させた米軍は本土空襲を本格化して鹿児島市に爆弾を投下し、さらに川内や串木野に爆撃に行く途中だったようだ。

そして終戦となり4歳の時の記憶だった。暫くすると叔父たちが床の間に飾ってあった刀を隠すか、折り曲げて出すかと家の中で議論していた。終戦と同時に家庭にある銃砲・刀剣類を進駐軍に渡すための相談だった。確か我が家には先祖代々、神棚に飾ってあった数本の日本刀や短刀等があった。議論の結果、それらを隠しても金属探知機で見つかるから、使えないようにハンマーでたたいて曲げて渡すことになり、家の裏の固い石の上で処分しているのを記憶している。

その頃は毎日農作業で田畑に母に背負われて出掛けていたが、いつも午後の同じような時間になると、母が急に僕を背負って小走りに家に帰り、感度の悪いラジオの前にじーっと座り耳を澄まして聞いていた。それはＮＨＫの尋ね人の放送だった。その時点でも、父が戦争に出掛けたまま生きているのか死んでいるのかさえ分からなかったのだ。

2. 父の戦死

午後3時頃からだったか、NHKで尋ね人という時間があり、「フィリッピン・ルソン島から復員された方で、寺村佐一を知りませんか」と母は戦友を探していた。そして、当時ルソン島で生き延び復員された熊本の方から父を知っているという連絡をもらい、初めてその方から父の最期を聞いたと母が教えてくれた。

その戦友の話によると、敵軍が迫ってきて山中を退却中、迫撃砲弾が落下し大腿部を負傷し出血がひどく歩行困難となった。負傷兵は小さな退避用壕を掘り、自決用手榴弾を渡され、後で助けに来るからと父を置き去りにして戦友たちは後退して行ったと。そして、その山はマウンテン州バギオの東20kmのペランサ山で、そこが最後だと教えてくれたそうだ。

つまり手榴弾を渡して、これで自決しろということだった。肉がもぎ取られ、出血も止まらず意識が失われていく中で、何を思いながら亡くなったのか。それとも手榴弾のピンを抜き、一思いに自決したのだろうか。たった1枚の家族3人の写真を抱いて、国のため、愛する家族のためとはいえ、なんと無残で無念な死だろう。

2015年8月、僕は厚生労働省社会・援護局援護・業務課に戦没者の資料がないか文書で問い合わせした。8月20日、戦死者保管資料や軍歴など身上に係わる資料は、終戦当時の本籍地を管轄する都道府県が旧陸軍より継承しており、そちらの担当課に問い合わせするように案内された。鹿児島県社会福祉課宛てに軍歴資料交付請求書を送り、９月12日に死亡者原本のコピーが届いた。これには紛れもなく「所属第23師団（旭第１１０３）死亡区分　戦死 20.4.25 場所　比島ルソン島マウンテン　バギオ」と記載された僅か縦1行だけのものだった。

数か月後の12月11日、厚生省から保管資料の原本コピーが届いた。それは『第23師団司令部第１１０３部隊留守名簿・昭和19年23日』というもので、わずか縦1行。そして「編入年月日18・３・25　前所属・本籍　鹿児島鹿屋市、留守担当者　寺村幸江・役種：兵種官　発令年月日19・２・10　氏名　寺村佐一　生年月日　大４・９・25」と、これまた1行のみで記載されている。さらに『公報原簿・地方世話部ノ分　生死不明者連名簿』というものがあり、これも軍歴資料と同じ戦死日付と場所が載っているだけだった。

そして第23師団司令部（旭１１０３）の部隊履歴記録を調べてみると、以下の通りであった。

昭和19年10月５日　ソ連・満洲里の国境近くハイラルに於いて臨時編成
26日　ハイラル出発
11月８日　釜山出発
13日　門司寄港
14日　伊万里出港　ヒ81船団　海軍特殊給油船５隻　陸軍特殊船
秋津他４隻　海軍特殊運送艦数十隻　護衛部隊・空母神鷹　駆逐艦・樫、
海防艦５隻

15日　秋津丸　9186総トン　雷撃沈没　乗船者2576中2046戦死
18日　摩耶山丸　9433総トン　雷撃沈没　乗船者4500中3187戦死
26日　台湾・高雄入港　30日出港
12月2日　比島　北サンフェルナンド着
北部ルソンの戦闘
昭和20年4月5日　戦死
昭和20年8月15日　終戦に伴う戦闘停止　逐次復員

母が残していたフィリッピン戦友会の「あゝ慟哭の山河」の詳細な資料、NHK「戦争証言」プロジェクト、兵士たちの戦争・陸軍第23師団補給なき永久抗戦、岡田梅子・新実彰著「1945年夏―フィリッピンの山の中で」、和田昇著「ルソン島バレンテ峠の真実」などから23師団の全容が分かってきた。旭兵団と呼ばれ、昭和20年にリンガエン湾に上陸してきた米軍にバギオの山麓まで押し込まれて、激戦のすえ山奥のへき地に閉じ込められた幾万の将兵たちは、飢えと病に疲れはて帰らぬ人となったのだ。

どれほど悲惨な戦いをしたのか、その父が戦死した地フィリッピンと言う国に行ってみたい、それには外国航路の貨物船に乗れば行けるだろう――その思いが僕の船員を目指すきっかけだった。

3．国立唐津海員学校（現・国立唐津海上技術学校）

入来小学校、城西中学校を卒業し、昭和32年、僕は念願の国立唐津海員学校に入学した。戦後の失った商船とその乗組員を養成するため、北海道・小樽、岩手県・宮古、石川県・七尾、静岡県・清水、愛知県・高浜、岡山県・児島、香川県・粟島、福岡県・門司、佐賀県・唐津など全国各地9か所に海員学校が設立されていた。全寮制で全額国費で賄われ、航海、機関、実技、語学の勉強や訓練・端艇総練、遠泳など朝6時起床から夜9時30分の消灯までみっちりと鍛えられたものだった。

遠泳訓練

遠泳訓練は唐津湾に面した鳥島の島まで１８００ｍまでの片道を泳ぎ、上陸して山の神社にお参りした後、再度学校まで泳いで帰るというものである。泳ぎの途中、伴添の船上の教官からカンロ飴を口に入れてもらってしゃぶりながら泳ぎ、一人の脱落者もなく泳ぎ切った。また、真冬の耐寒訓練では呼子の町まで凍てついた片道20㎞の徒歩訓練などで鍛えられた。食べ盛りの年代であったから、僕らはいつも腹を空かしていた。ボート漕ぎとか遠泳した日の晩飯だけでは、夜には腹がへってたまらず、寮から抜け出して近くの店で三角パンを買ってきたこともあった。

宮西教官、下谷教官、草場教官、山崎教官、お世話になりました。そして卒業していく同級生も、これで皆それぞれ就職先の船会社に雇用され、念願の船員の道を歩き始める。どこか世界の港で会うこともあるだろう。唐津のおくんち祭りも、虹の松原も、楽しい思い出になった。就職先の飯野海運の船に乗れば、何時か父が戦死したフィリッピンに行けるのだ。

昭和33年10月に航海科28期生34名が卒業した。生徒の内訳は佐賀県19名、熊本県2名、福岡県3名、鹿児島県5名、宮崎県1名、広島県1名、兵庫県2名であった。

当時は海運不況の真っただ中で、航海科34名中、外航海運会社に就職できたのが十数名で、他は内航船社やフェリー会社に就職した。機関部の卒業生65名を合わせても外航船会社に就職できたのは20名弱という困難な時代だった。

目次

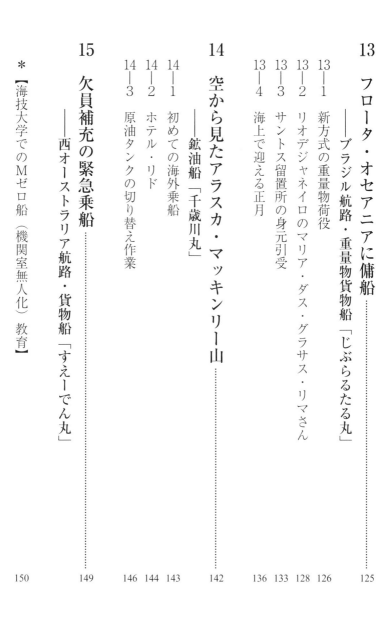

へぃかち航海記

―外国航路30年の航跡―

1　無我夢中で過ごした初乗船
――不定期航路・貨物船「久島丸」

1万4622DWトン　燃費19・5トン／日　5300馬力
昭和34年3月19日～昭和35年8月19日

昭和33年7月竣工の不定期船の本船に半年ほど待機の後、大阪港で雇い入れ、基本給7200円の甲板部員として初乗船した。当時1ドル360円の時代、ドルでいえば月給20ドルだった。豊かなアメリカ人からは日本人がどう見えていたのだろうか。しかし自分たちは希望に満ち溢れていた。「我々は優秀な労働力があり、戦争には負けたけれど、気持ちは日の丸を背負って頑張れ、日本人として誇りを持って恥ずかしくない行動をとれ」と、よく先輩から言われた。

初めての乗船は、代理店担当者に連れられて沖のブイに係留中の本船に築港からサンパンで乗船する。直接の上司、上野五三郎甲板長、佐藤実甲板庫手、内藤幹男大工さんなどから右も左も分からない新人の僕に船の生活と仕事について指導していただき、父親みたいな存在だった。

そして心強い唐津の先輩が2人、甲板部に坂本康弘さん、機関部に中井健夫さんがいた。中井さんには夜の仕事が終わり寝るまでのひとときに、本船の前に乗船していた極東丸での苦労話を聞かされた。一期早く卒業されて同じ飯野海運に入社後、最初に乗船した船が石炭を焚いて走る（航走）、俗にいう「焚け焚け」レシプロ船だったそうだ。

◇1―1　先輩中井さんから聞いた内航船「極東丸」機関部の過酷な話

先輩・中井さん乗船の「極東丸」

初乗船が昭和33年6月から翌34年7月迄。2800総トンの内航船極東丸に機関部員で乗船。石炭を焚いてペラを廻すいわゆるレシプロエンジンでボイラー（罐）が2個あり、ファイアーマン（火夫）とコロッパス（石炭運び）を経験。

ファイアーマンは石炭庫から石炭をスコップで取り上げてボイラーに放り込む仕事で、内部で燃え盛るボイラーの中にまんべんなく石炭をスコップで放り込むのは力仕事で大変な熱気との戦いだったそうだ。

コロッパスは燃えたカス（殻）を長柄の書き出し棒でボイラーの中から取り出し、甲板上まで自動で上り、ひっくり返して戻ってくるバケットに再び燃えカスを放り込む。そしてデッキで溜まった燃えカスを海に捨てる作業で、これが一番しんどい仕事だったそうだ。

さらにチューブ突きという停泊中のボイラー内部の管と釜（罐）掃除は、熱気と燃えがら煤が舞い上がり、汗だくの体に付着して煤だらけの真っ黒の顔になるそうだ。そのうえ機関室内は主機、補機のある場所とボイラー室は完全に隔離されていてなおさら室温が高く、当直が終わるとぐったりとしてしまい、暫くはデッキで涼しい風に当たり生きかえるという過酷な生活を過ごしたという。

裏日本航路と言われる舞鶴、敦賀、七尾港で米や雑貨を積み、北海道の小樽、留萌、釧路港、時としては松島（釜石）に寄港。揚げ荷後は石炭を積み、敦賀、舞鶴に揚げ荷していたそうで、姉妹船に東邦丸という同じようなレシプロ船がいた。

後日、この本船の荷役中の写真をよく見たら、石炭を焚いて走る船らしく、後部のマスト半分以上が黒く塗られていて、燃えカスが飛んで付着しても目立たないようにされている。煙突の横にはほぼ煙突と同じ高さのベンチレータ、さらにボートデッキからも背の高い４本ものベンチレータがあり、機関室、居住区への通風孔になっている。その先端のラッパ上の口に似たカウルヘッド・ベンチレータは雨天になると風下に向けるよう人力で回転させる。当時の貨物船は空調設備がなく貨物艙、居住区も多く使われていた。

そして、本船の荷役は珍しい分銅式で行われていて、岸壁と反対側のデリックはブルーワークより海側に振り出されたデリックのワイヤーの先端に１トン位のコイルワイヤーが吊るされて、これが分銅になっている。船によってはセメントの固まりに頭にリングを埋め込んだ分銅を使う場合もあった。それで岸壁側に振り出されているデリックのカーゴワイヤーで貨物を吊り上げた後、そのデリックのガイワイヤーを弛めると、海側に吊るされている分銅の重みでハッチ口の所定の場所に移動したら貨物を下げて置く。

分銅式は一本のデリックを振り子のように左右に振る荷役方法であり、蒸気ウインチのように回転が遅い場合に使われた。数年後に乗船した峰島丸も蒸気ウインチだった。

さて、話を戻そう。久島丸は神戸三菱重工で建造され、船首方向3つ、船尾方向2つの5船倉が樽のような型で、ハッチ口は鉄製のビームに50kg程の木製ハッチボードで覆っていた。その上にターポーレン3枚のハッチカバーは鉄製バーで止められ、それを木製のウエッジを留めていた。航海中はさらにハッチカバーの上全面にネットで覆い、荒天時の強風・海水の侵入を防ぐように工夫されていた。荷役にはハッチボードを2人1組になって手で1枚1枚取り除き、終わるとまた戻していく大変な重労働だった。

本船はロスアンゼルスからスクラップを積んできていて、荷役の真っ最中で大きなモッコに人夫（荷役労務者）たち1ギャング1組7人、1ハッチ2ギャングが手作業でスクラップを移し入れ、デリックで艀に落とし込んでいく。

甲板部はフォックスルデッキの錆落とし作業をしていた。早朝の掃除・食事片づけなどが終わりデッキ作業中の現場に行くと、内藤大工さんに呼ばれ、「長がめのスクラップを取ってきて！」と言われた。僕はちょうど揚げ荷中のスクラップの中から建材の鉄の長めの棒を取り出して持って行ったら、皆に大笑いされた。それは50㎝位の長い柄のついたスクレッパーのことだった。そして、「錆落としした後を削る手工具をストアから持って来て」とのことだった。

さらに戸惑ったことがあった。荷役作業の始まる前に、「エンジンに行って電気を貰って来て」と言われたことだった。「電気を貰うって、バケツや袋を持ってじゃないだろうし」と、分からないままエンジンルームの当直の操機手にそのように伝え、どういうことかと聞いたら、「今は生活に必要な最低限の電気を発電機で運転してるので、さらに発電機を回し並列運転で甲板機器運転に必要な電気を供給してくれ」ということだった。こんな具合に、見ても聞いても分からないことばかりのスタートとなった。

５日間の揚げ荷が終わり、総員でハッチ仕舞いして、僕の初めての航海が始まった。最初の外国はオーストラリア・フリマントルで、小麦を積むため空船で太平洋を南に向かい、ボルネオ島のバリックパパンで補油し、インドネシアの島合いを抜けて港に着いた。サイロからの落とし込みで満載し、横浜揚げ荷後の2航海目もオーストラリア東岸ブリスベーン港にて再度小麦を積み、下関港にて揚げ荷する。

当時は沖荷役でブイ係留が殆どであり、艀を本船両舷に3隻、4隻横付けさせ、本船ブルーワーク（舷）外側に木製のホッパーを取り付け、その口から艀まで届く長い布製のホースが付けられていた。そのホッパーにホールドからモッコに積まれた麦を落とし込み、それがホースを通じて艀に積まれていく作業だった。3航海目もフリマントル港で、小麦積で大阪港揚げとなった。

本船のスピードは馬力が船の大きさに比べて小さく、天気が良く凪の時でも12ノット出たらよい方で、向かい風ともなると10ノットを割り込み、ちょっとでも時化ると8ノット位まで落ち込む。それで樽船と言われていたわけだ。

当時スピードを測るのはパテントログと言われる方式で、船尾からローターの付いたロープで曳航して水流によりそのローターが回転し、その回転数で対水速力を測る機器を使っていた。これは静かな海面でしか計測できず、荒れた海面では使用できない代物だった。その日の天候に合わせてパテントログを船尾から流したり引き揚げたりすることになるが、これは当直操舵手の担当だった。

乗組員は駒林力船長のもと、航海士3名、機関長1名、機関士3名、無線士3名（局長、次席、3席）、ドクター1名、事務2名、司厨部6名（司厨長、司厨員2名、サロンボーイ、メスルームボーイ、パントリーボーイ）、甲板部12名（甲板長、船匠、ストアキーパー、操舵手3名、甲板員6名）、機関部員12名（操機長、ナンブツー、ストアキーパー、操機員3名、機関員6名）の総勢44名である。それに見習い航海士、機関士や研修乗船があると、45名位がひとつの船で共にすることになる。

初乗船当初は見習いボーイとも呼ばれ、船のあらゆる雑用をさせられる。航海中は朝05：30時に起床して、食堂の夜食片付け掃除から始まり、朝食準備、各部屋の掃除、水瓶の入れ替え、風呂掃除。風呂掃除は当直者が何時でも入浴できるようにするためで、航海中のつかり湯は節水のため海水で、体を洗うのは清水と決められていた。掃除してきれいに毎日行う。停泊中はつかり湯も清水を張る。それは港内から汲み上げる海水が汚れているためだ。シーツや枕カバーも洗濯してアイロンをかけ、航海中は目的港の入港前にもう一度取り換えている。夕方には甲板部員の作業服をまとめて大型のドラム式洗濯機で洗濯して、乾燥室や通路のエアーダクトのフレームに張り巡らしたロープに干すのも見習いの仕事だった。朝の食事前のタンツーで甲板部員がそれぞれ手持ち担当場所の掃除をしている間に、甲板長、ストーキ、カーペンターの個室、操舵手、甲板部員のそれぞれの部屋掃除を行い、彼らが朝食に戻るまでに済ませなくてはならなかった。

それは甲板部の通路、部屋、風呂掃除から作業服洗濯、食事準備片付けまで一通り船での共同生活で生きていくための心構えで、忍耐、辛抱、我慢、協調性を養うための帆船時代からの伝統であり、かつ最悪の事態に遭遇したとき、生き抜くための訓練でもあると言われていることだった。そのために起床は毎日午前05：30時で、食堂、各部屋の掃除と後片づけ、07：00時にはギャレイから甲板部12名分の食事を運んできて配膳しておき、食事中にそれぞれ甲板部の部屋掃除を済ませ、洗濯機も回して作業服を洗濯するのも見習いの仕事で、それらを一通り済ませてから甲板部の仕事に出る。

そして11：00時になると昼食の準備のため食堂に戻り配膳し、仕事場から戻ってきた先輩たちが食事を済ませ、最後には食器類を洗い拭いて食器棚に戻し、午後1時からの仕事に戻る。そしてまた16：30時には夕飯のための準備にかかり、賄から食事を運び配膳、食後は後片付けを済ませ、食堂の掃除をして夜食用の竹篭のおひつに米を入れ、塩昆布や梅干の準備をしてからようやく風呂に入り睡眠というのが航海中の生活だった。

それに目的地入港前には真鍮磨きというのもあった。甲板長は1人部屋、庫手・船匠・操舵手が2人部屋、甲板部員室は4人部屋で、各部屋に2つずつあるポールド（丸窓）の真鍮製の窓枠が塩気で錆びてくるため、ピカールという金属磨きの液体をウェスにつけてピカピカに磨くのはしんどい仕事だった。

◇1―2　4航海目スコットランド・グラスゴーへ

オーストラリア・ブリスベーンで大麦を積みスコットランドのグラスゴーの揚げ荷だった。出港してオーストラリア南東に位置するタスマニア島をかわして過ぎると、「吠える40度」と言われ南西よりの強烈な風波浪が年中吹き荒れている緯度の地域を喜望峰に向けて航海する。この地域での航海は大時化がほぼ20日間続き、速力も8ノットが精一杯で、木の葉のように翻弄されて乗組員も疲労困憊。

食事のお米を焚くライスボイラーの水加減が上手く調整できず、固く炊き上がったり柔らかかったりする。食堂のテーブルはシーツに霧吹きで水を吹きかけて濡らし、テーブルに囲み枠が取り付けられている。普段は落とし込みしてあるが、時化の際には濡らしたシーツを押さえ込むようにして囲み枠を少し高くし、食器がテーブルから滑り落ちないように工夫されている。そのテーブルで食事をとる。前後左右に体が揺すられながら、特に味噌汁茶碗はその水面がフチを越えてこぼれないように手に持ち、バランスを保ちながらの食事となる。足を突っ張りながら食事をして、仕事をして、寝るときもベッドの中では手でベッドの両脇を突っ張りながら睡眠をとる生活が続く。

翻弄されながらの長い航海は、喜望峰ケープタウン港に入港して水や燃料を補給後、再び出港して最後の強風波浪の洗礼をうけ、そこから北にコースをとる頃になってようやく嵐から解放される。

船足の遅い本船で、1万3千マイルを2か月近くかけてグラスゴーの港に入港した。揚げ荷は天候が悪く連日の雨。濃霧で雨が降っていなくてもレイバー（人夫）達が濃い霧で運転ができず、港まで来れないとかで荷役できないため、実に揚げ荷も40日かかった。

その間、荷役のない日に会社がスコットランドのエジンバラ城までの観光を手配してくれて、2回にわけてお城の見学をした。港の岸壁近くにチョコレート工場があり、そこで働く女の子たちが珍しい日本の船が岸壁に接岸しているということで多数見学に来た。彼女たちにすれば、遥か彼方の東洋のはずれにある日本というのが珍しく、興味があったのだと思う。

また、キリスト教関係のフライイニングエンジェル・シーメンズクラブという奉仕団体やプロテスタント系の船員クラブが、海運国らしく船員の福祉のため色々な面倒をみてくれた。ダンスパーティがありダンスも教えてくれて、最初に覚えたのがフォックスロットだった。お茶とかお菓子を無料で出してくれるサービスも行っているので、仕事の合間に先輩たちと訪れた。そこは宿泊もできるようになっている施設でもあった。

パナマ運河で行き合う日本船同士に手を振る

やがて揚げ荷も終わり、本船は空船で大西洋に出て、フロリダ州タンパに向かった。タンパでは日本揚げのリン鉱石を満載してカリブ海を南下しパナマ運河に到着。大西洋入口のクリストバル港に入港。午前5時30分に初めての運河通航開始、その距離77㎞。13時間後の18時に太平洋側バルボア港をクリアした。ガツン湖をはさんでガツンロックとペドロミグエルロック、ミラフローレスロックの三段式の3つの関門で構成されている。海面とガツン湖との水位差が25mあると言われ、左右電車に引かれ、ロック内をけん引されて前進していく。甲板部は船首船尾にスタンバイ要員を配置、ブリッジの操舵は手動で運河パイロットが乗船してその指揮で通過していくのだ。

中米沖合コスタリカ、ニカラグア、ホンジュラス、メキシコ沖合を北上しロスアンゼルス港に入港。清水、食料、燃料を補給した後一路日本へ。図らずも初乗船した船で西回り世界一周を体験して新潟港に入港。その後、宮古港にて揚げ切り、5航海目のロスアンゼルス港とサンフランシスコ港でスクラップを積むための太平洋航行中の出来事だった。

◇1―3　ドクターの死と水葬

通常北米に向かう場合は、大圏航法といって北上して最短距離を航海するが、馬力の小さい本船が航行するのは比較的波の静かなうねりのない南の海上を航海してロスに向かっていて、その出来事は180度線（日付変更線）を越えた洋上で起きた。

当時、外航船にはドクター（船医）が乗っていて、このドクターは60歳を超えておられた。朝の食事時間になり、サロンボーイがドクターを起こしに行ってドアをノックしても返事がない。部屋掃除の必要もあって部屋に入り確認したところ、本人がベッドの中で死んでいるのを見つけた。ドクターの部屋はサードデッキの後部にあり、診察室、薬局、個室と分かれているが、その診察室の引出し、テーブルの上、床下には薬が散乱していた。自分の病状に合う適切な薬を探した様子が窺われたが、その甲斐はなかったのかベッドにうつ伏せに倒れこむようにして亡くなっていたそうだ。

すぐさま死亡状況を会社に伝え、所轄官庁等への報告と家族への連絡を取ってもらう。遺体の処置については、洋上で死者が出た場合で搬送が困難な場合、船員法15条の船長権限で水葬を執り行うことも可能と家族に伝え、その同意を得た。

翌日、家族の希望の時間で午後2時に水葬することとなり、甲板部はその準備に追われた。ボースン（甲板長）指揮でカーペンター（大工）、ストーキ（甲庫手）、部員全員で材料の木板、ボルト、ナット等や道具を用意して、葬儀に間に合うように棺桶を作った。船首にあるボースンストアには荷役用具に使用する尺角材や半角材等の各種材木類、ベニヤ板、ワイヤー・ロープ類等荷役に必要な資材のありとあらゆる物が保管されている。また大工ストアには大工道具一式が揃っていて、船内の破損した備品・部品の修理が行われる。

板を削りカンナ掛けして白木に近い棺桶を作り、底面にはシャックルやボルトを敷き詰め、箱の部分には穴を開けて遺体と本人の遺留品などを納めるよう備えた。そして船首方向右舷側3番ハッチ横のブルワーク上に台をこしらえ、その上にハッチボードを渡し、上に棺桶を載せて滑らせて海面に落ちるように準備した。

当日、船室で遺体を棺の中に納めて、船長以下当直者以外全員がボートデッキに集まり葬儀を執り行った。船長がお経をあげている姿を見て、今でも尊敬の念で思い出す。船長になるにはこういう時のためにお経の勉強も必要なんだとその時思った。

遺体をボートデッキから担架に載せて甲板デッキまで運びだし、棺に移し蓋をして国旗と社旗で覆い、デッキ上の式台に載せる。水葬の時間に合わせてエンジンを止め、マスト上の国旗・社旗を半旗にした。

　航海要員以外全員がデッキに出て、お別れの汽笛吹奏のなかで我々甲板部員がハッチボードの片方を持ち上げて棺を洋上に向かって滑らせた。棺は海面に落下して暫くは浮いていたが、徐々に海水が棺の中に入り沈んでいった。この時間に合わせて家族の方もはるか東の洋上に向かってお祈りされていたことだろう。僕は思った。自分も土に埋葬されるより、このように広い大海原の中で旅立ちたいと。

　本船は再びエンジンをかけて水葬された地点を一周してお別れの汽笛を鳴らし、その場を後にして一路目的地に向かった。

　数十年後、船のスピードアップ、救助体制の充実、通信技術の向上と船舶衛生士等の充実でドクターの乗船はなくなっていった。当時は引退した医者が興味半分、道楽気分で船医としてくる方たちが大半を占め、高齢者ばかりだったそうだ。

　目的地のロスアンゼルスのニューアーク、サンフランシスコのアラメダでスクラップを積み大阪港で揚げる。当時のスクラップと言えば、車の俗にいうサイコロ状プレスやするめ状プレス、鉄の廃材、米軍の砲弾の薬莢等だった。当時はまだ接岸する岸壁が整備されていなくて、日本各地の港はブイに係留されて艀積、艀落としが主流だった。

　６航海目は大阪港にてセメントを積み、マレーシアのペナン島で揚げ荷した。ペナンでは南の国特有のスコールのために揚げ荷を再々中断し、その都度ハッチの上にワイヤーで吊るされたテントハッチオーニング（ハッチの上にワイヤーが張られ、それに吊るされているテント）の開閉により乗組員は油断できない。それでも非直の時間の合間には市内見物や蛇寺、シーメンスクラブなどに立ち寄ることができた。

7航海目はインド・ゴアで鉱石を積み八幡港で揚げる。そして8航海目はサンフランシスコ港とロスアンゼルス港でスクラップを積み門司港に戻って来た。

◇1―4　航海中の甲板部の作業

トランパーと呼ばれる不定期船の往航は空船で航行することが多く、船倉内の積み荷準備を行う。一航士と共にホールド内のボトム板、サイドボード点検補修、ビルジウェイの清掃など。甲板部は荷役用のカーゴワイヤー、リフトワイヤー、ガイワイヤー、ロープの点検取り換え。ブロック類の点検注油。其々の荷役用ワイヤー、ロープ類は新品の200mコイルをばらして其々の長さに切断し、ワイヤー入れ（切断したエンドをアイボルトやウインチの根止め用にスパイキを使って加工する）というアイスプライスの仕事が続く。またハートシンブルをワイヤーのアイに装着したり、センターロープ、ガイロープ等を作っていく。荷役用ブロックも鉄製の1枚シーブ、2枚シーブ、3枚シーブと貨物の重量により取り換えるので、破損や油切れ錆などを点検。さらにセンターロープ（左右のデリックを結ぶ）、ガイロープ（振り出し用）の点検取り換え、係船索など荷役用具の点検補修もする。

このようにして事故のないよう日常の業務があり、また船体の保守点検、錆の出た各所をピッチングハンマーや電動ハンマー、エアーハンマーを使っての錆うち作業、荷役で剥がれたペンキの再塗装もその日の天候を見ながら行っている。これらの作業はほぼデッキ上で行うので、行き先により日々の天候に左右され、北米航路の冬場には極寒と荒天にさらされる中での作業もあった。

当時の労働協約では1年2か月の乗船で有給休暇下船の権利が得られたので、昭和35年8月19日、1年5か月ぶりに門司港にて休暇下船した。

2　いきなり新造船の受け取り
――五大湖航路・貨物船「大島丸」

1万2033DWトン　燃費41・5トン／日　1万2千馬力
昭和35年11月18日～昭和36年10月7日

3か月の有給休暇が終わり、11月12日、飯野重工舞鶴工場で建造中の本船に舞鶴へ向かう。乗組員は新造船受け取りの1か月前から機器・設備など本船仕様取得のために艤装員として造船所の宿泊施設に寝泊まりしながら初航海に備える。

艤装中、僕にとって一番楽しみだったのは、先輩たちに連れられて舞鶴のバカ盛りうどんと言われる料理を食べることで、大きなどんぶりに大盛りたっぷりのうどんの味は忘れられない一品だった。

船が完成して試運転を終え、乗組員全員、ハウス前のデッキ上で小田寿夫船長を中心に52名が栄えある初航海の記念撮影をして舞鶴を出港した。関門海峡から瀬戸内海を経て、神戸、名古屋、清水、横浜で鋼材・雑貨等を積み、最終港では長い大洋の航海に備えてハッチ仕舞いという作業を行う。

当時最新のマックレゴー式ハッチを閉め、荷役用具は航海途中の時化や海水で損傷を受けないようにデリックを下ろし、カーゴワイヤーはウインチドラムに巻き取りカバーをかけ、ワイヤー、ロープ、各ブロックなどを取り外してマストロッカーに収める。作業は20本のデリックのセンターロープ、ガイワイヤー、ガイロープなど100本以上の索具を取り外し、各ストアに収納していく。東京湾を出て太平洋に出るまでの2時間の短時間内にその作業を済まさなければならない。

また航海中、点検補修するために何kgもあるカーゴブロックやスナッチブロックも取り外しマストロッカー内に収納していく。荷役の終わったハッチから順次ハッチ仕舞いをして出港、さらに荷役の終わった貨物艙の中にカーゴランプを引き込み積み荷の点検作業に取りかかる。固縛用ネット・ロープの緩みがないか、崩れないようにベニヤ板が張られているか等を全員で手分けして入念に点検する。

貨物を満載しての処女航海はサンフランシスコを経由してニューヨーク、ボルチモア、ハリファックス、セントジョン、バルチモアに寄港して揚げ荷。帰りはノーフォークでベースカーゴに石炭を積み、サバンナで積み荷。パナマ経由でロスアンゼルスに寄港して横浜に戻り、無事処女航海を終えた。

本船には客室が左舷と右舷側に6室ずつあり、横浜港からアメリカへ渡航する芸術家、ツーリスト、ビジネスマンが乗船していたので、司厨部のコックさん、サロンボーイ、メスルームボーイ、パントリーボーイさん達は食事から客室の掃除、クリーニングまで大変苦労していたようだった。

2航海目はサンフランシスコ港に寄港し、その後パナマ経由でニューヨーク港へ。さらに北上してセントジョン、ハリファックスに寄港し、そしてモントリオールに入港した。港とはいえ河川港なので川に沿って岸壁が作られており、川の流れがあるため係船索は船首方向に通常よりヘッドライン、スプリングラインも増し取りして接岸した。

しかし、ここではとんでもない出来事が起こった。その船の接岸中の大事な係船索が切断されたのである。昼間の荷役が終わり夜になったとき、舷門当直者が本船の船首が岸壁から少しずつ離れていくのに気付いた。船首に行くと、なんとヘッドラインが何者かに刃物で切断され、かろうじてブレストライン、スプリングラインで岸壁とは繋がっているが船首部分が流れに押されて回頭し始めていたのだ。

「総員起こし」の非常警報で全員がスタンバイ配置につき、機関部はエンジンをデッドスローで回転させ、甲板部はデッキの其々の持ち場へ走り切断されたロープを引き揚げ、先端にアイ（わっぱ）をつくる。同時に一方デリックを振り出しカーゴワイヤーの先端にボースンチェアを取り付け、岸壁に人を降ろし、本船からロープを繰り出してビットに掛ける作業で何とか緊急事態を脱出した。

代理店を呼び、港湾局や警察が来て調べた結果、鋭い刃物で何者かが係船索を切断したということで、その後は船首・船尾に昼夜当直者を立てて厳重な見張りをすることになった。

揚げ荷が終わり、ソレル、スリーリバー、ケベックなどで缶詰を積み、ニューポートニュース、モアヘッドシティではタバコの葉を積む。その後バルチモアで雑貨類を積み、パナマを経由しサンディエゴ、ロスアンゼルスで燃料・清水・食糧を補給して横浜港に帰着した。

◇2―1　初めて就航する五大湖航路・シカゴへ

3航海目は愈々五大湖航路として初めての就航となる記念すべき航海だった。門司港、神戸港、名古屋港、横浜港での積み荷は雑貨（ノート、鉛筆、玩具、花火、ライター、絵葉書、スポーツ用品）、缶詰（イワシ、サンマ、カニ、みかん、ジュース）、ベニヤ板、鋼材、タイヤなど。横浜が最終港になり、大圏航法をとりアリューシャン列島沿いから米国西岸を南下し、パナマ運河バルボアまで20日間の航海。バルボア側からパナマ運河を通過してクリストバルに出て、カリブ海を北上、ボストン沖合からセントローレンス川河口のノバスコ州ハリファクス港に寄港して一部荷揚げし、カニ味噌の缶詰めを積み込む。そしてセントローレンス湾の船団待機場所で待つことになった。

カナダ・ケベック港へ入港

大西洋からセントローレンス川を上流へモントリオールの街から遡り、オンタリオ湖、エリー湖、ヒューロン湖、ミシガン湖、スペリオル湖内陸部まで就航するのは本船では初めての航海だ。冬季は川が凍結して船の航行はできなく、4月から12月の間のみ航行可能となる。その最初の航海では、河口で上流に遡上する船は到着順にアンカーを入れて船団を組み、4月1日を待つ。

本船大島丸は4番船だったが、その待機中に、運河を通るために本船を一時的にタイアップ（係船）・待機するため綱取り要員の乗組員1名を運河の岸壁に上陸させる必要があり、デリックとモッコの振出しを準備したりした。その運河にタイアップのため陸側に降りた溝部敏夫さんが、運河が開閉し船上に戻す作業が間に合わず、運河沿いを走って次の綱取り地点まで向かうというハプニングもあった。

五大湖の中では環境保護のため、生活用水（調理・トイレ）の船外排出は禁止されるので、貯水タンクの内部確認や船外弁の確認、ポンプ類のチェック確認をすると同時に、乗組員の周知徹底を行い、1か月以上湖内を航行して生活することについてのミーティングも行われた。

8隻が船団を組み、ソ連の砕氷船がまだ溶けきれてない固い氷を割りながら進む。それでも砕氷船が割った20～30㎝の氷の破片はすぐに元の船尾方向にもどる。その後方を500m位後をついて航行するのだが、氷をかき分けながら進むのでゴゴゴー、ごつんごつんと、音と振動で船体を揺るがしながら航行する。

滅多にない体験をしてオンタリオ湖に到着しトロントに入港する。揚げ荷の間には、２班に分けてナイアガラ瀑布の観光ツアーを会社が手配してくれて貴重な機会を貰えた。

◇２―２　ナイアガラ瀑布の見学

トロントからナイアガラまで距離86マイル（１３９km）、クイーンズエリザベスウェイを一直線に1時間半でナイアガラに到着した。アフリカのビクトリア瀑布、イグアス滝と共に三大瀑布と言われるカナダ側ナイアガラ瀑布を見学。エリー湖からオンタリオ湖に至るナイアガラ川の中途にあり、57ｍの落差でカナダ側の幅６７０ｍ、アメリカ側３００ｍ幅という。そして水流でその崖は毎年３cmずつ削られているそうだ。

膨大な水量が流れ落ちるのを見ていると吸い込まれそうになる。滝の周辺は霧水になっていて洋服が濡れ、カメラもレンズが濡れたため写真撮影をあきらめ、土産店で絵葉書を買う。日光の具合では大きな虹がかかると言われているが、これは見ることはできなかった。

カナダ側には落差による水力発電を利用した花時計があり、憩いの場となっている。時間があったので、家族に宛て「今ナイアガラにいる」と絵葉書を投函した。帰路は仕事の疲れと見物の疲れでぐっすり眠り込んでしまい、気がついたら舷門の横にバスが到着していた。

トロント港を出港。距離43km、高低99ｍのウェランド運河を通過し、エリー湖での最初の港クリーブランドで揚げ荷をする。

◇2―3　デトロイト・タイガースの野球観戦、シカゴで盛大なレセプション

デトロイトへ初めての日本船がはるばる来たということで、市が野球観戦に招待してくれた。興味がある非番の乗組員半数が迎えのバスに乗り球場に行き、タイガースの本拠地でシカゴホワイトソックスとの試合を観戦させてもらった。試合の合間に「日本からの商船が入港し、乗組員が観戦に来ている」と場内アナウンスがあり、観戦者が立ち上がってピューピューと口笛と拍手で歓待してくれた。これがアメリカなんだと感じる野球見物だった。

上：レセプション用の飾りつけした本船
下：レセプションの夜景

ヒューロン湖を通航して愈々ミシガン湖に入り、シカゴに入港した。市長、領事館、港湾局関係者、荷主などを招待して、天ぷら、寿司など職人が腕を振るい盛大なレセプションが開かれた。我々は入港前から万国旗を用意し、さらに夜間用に提灯を船首から船尾までと、ブリッジ、ボートデッキと居住区周り全てに提灯をさげ、最大の飾り

をしての初入港だった。その夜間の何百個という提灯の明かりが周辺の湖面を照らす姿は一生忘れがたい思い出だった。

停泊中にシカゴ港湾局が市内観光を招待してくれ、用意されたバスで博物館や牛の屠殺場を見学させてくれた。印象に残っているのは、道路を走る車と高架を走る電車やその周辺のレンガ造りの建物などが禁酒時代の映画に出てくるマフィア・ギャングが活躍するセピア色の街並みのようだったこと。

次のミルウォーキーでは粉ミルクを積み込み、ついに五大湖最後の湖となるスペリオル湖へと航行する。日本を出てから太平洋を横断し、大西洋を北上してセントローレンスという川からアメリカ内陸部まで商船が航海してこれるとは夢にも思わなかった。ミネソタ州ダルースの街が見えてきたときは、何か山の頂上まで登りきったような不思議な思いで胸が熱くなった。そして何故か歌手、暁テル子の「ミネソタの卵売り」の歌が思い出された。

粉ミルクの積み込みが終わり、いよいよ帰りの航海。ヒューロン湖とエリー湖の境にあるカナダ・サーレンに寄港する。世界最大のアスベスト（石綿）の産出港で、そのアスベストのブロックを数千㌧積む。それは畳1枚分の大きさの厚みが20㎝位の固まりで、露天掘りした原料を輸送に適したようにプレス加工されていた。今思えば当時からアスベストが大量に輸入されて、日本国内の建物に多量に使われていた。当時はアスベスト被害なんて予想もしてない時代だ。それが五十数年後の平成26年、アスベスト訴訟最高裁判決まで、その当時のアスベストにより大騒ぎになってしまった。

日本向け小麦粉や大豆を積んだ後、オハイオ州トレード港では獣脂や合成ゴム、古紙等を積み込み五大湖を後にする。セントローレンス川を下り、プレスコット、スリーリバー、ケベックで積み荷をして、1か月間の五大湖内での航海を終える間にセントローレンス川の氷も解けて、大西洋へ出て一路日本へ向かう。大洋に出て、湖内で排出できなかった船内の生活用水を排出してタンククリーニングを行い、通常航海に戻った。

ロスアンゼルス港でバンカー、食料、水を補給して日本へ戻り、揚げ荷をすませたら、本船の次航も再度の五大湖航路だった。この航路には姉妹船の宗島丸と幹島丸が就航し、18ノットの高速でサービス。その新造船の宗島丸が五大湖途上のトロント港からシカゴまで黒柳徹子さんを乗せて、「黒柳徹子の北米五大湖の旅」を本船上から寄港地レポート。シカゴでは東京都知事からのメッセージを市長に渡す役目を仰せつかって果たしたことを後で知った。それらの写真も当時の週刊新潮6月12号に掲載された。また姉妹船幹島丸がウェランド運河航行中の写真がオ

オンタリオ州の絵葉書になった幹島丸

ンタリオ州の絵葉書にもなった。

そしてこの年は坂本九さんの「上を向いて歩こう」が大ヒットし、その歌詞は我々の世代に生きる力を与えてくれる力強いものだった。特に彼の生年月日がいみじくも昭和16年の12月10日と僕と同じだったが、悲しいことに昭和60年（１９８５）８月12日、日航ジャンボ機１２３便で羽田から大阪に向かう途中、群馬県御巣鷹山で墜落事故に遭い、乗客５２４人中、５２０人が亡くなり、その中に坂本九さんもいて44歳で亡くなった。

１年間乗船した後、昭和36年10月７日、神戸港にて休暇下船したが、２週間たらずで急遽病人の出た久島丸に緊急乗船することになった。

3　再度の乗船

——不定期航路・貨物船「久島丸」

1万4622DWトン　燃費19・5トン／日　5300馬力
昭和36年10月20日〜昭和37年4月13日

東京港で急病人が出て、大島丸を下船してから2週間足らずで乗船となった。二度目の本船乗船で、本船には以前1年5か月ものあいだ乗船の経験があるので気持ちは楽だった。

最初の航海はロス（ロスアンゼルスの略）でスクラップを積み、その次の航海はオレゴン州クースベイ港やユーリカ港での米材積みだった。両港とも丸太の積出港で周辺には街も店もなく、本当に森林都市の材木だけの港だった。針葉樹米松で、北米太平洋岸に分布する樹高50〜60mの大木。建築用構造材、フローリング材、家具・合板の素材でオレゴンパインと呼ばれ、ハッチの長さいっぱいに切った丸太を大阪港で揚げる。

往航は空船なので、船倉内のサイドスパーリングの補強修理やボットムスパーリングの修理、徹底的なゴミ掃除にビルジウェイの浚えとビルジボックスの掃除などと乾燥、ベンチレータ外気取り入れ装置の点検などが日常作業である。最終的にはハッチコーミングの錆落しとペンキ塗り、ハッチカバーの点検修理、さらに荷役用ワイヤーや係船用ワイヤーを作るのも大事な仕事だった。

新品の200mのコイルを解き、其々の必要な長さに切断。ワイヤー類は鉄製のスパイキでアイを作り6本のストランドになるが、4対2か3対3に分けてストランドをねじ入れ編み込んでいく。ワイヤー芯にはグリスが塗り込んであり、怪我防止のために皮手をしているが、安全靴、ズボンの裾まで油だらけになる作業だった。

悪天候などで甲板に波を被《かぶ》るときはストアやチェッカーズルームでセンニットを編む。マニラロープのストランドランドを解き、40〜50cmの長さで2本ずつを3本編みして20本くらいを一纏めにする。それをよじって真ん中に吊るすように1本通して出来上がりとなる。何百本ものセンニットを編む作業は、ワイヤー留めや荷役用具の片付けには必要不可欠なもので、悪天候などでデッキ作業ができないときには、仲間と喋りながら作業できる楽しい時間でもあった。

◇3―1　当時のブイ係留

北米材・南洋材と大阪港での揚げ荷は港内のブイ係留で行い、積み荷の原木はスリング掛けして巻き揚げ、振り出したデリックから海面に落とし、それを筏に組んでボートで筏溜りに引っ張っていくという荷役方法だった。

ブイの係留方法は、①まずアンカーチェインを1節目のつなぎの手前でワイヤーを掛け、アンカーが滑り落ちないようにワイヤーストパーを取り、②チェインをデッキに繰り出しシャックルピンを打ち抜き、③シャックルを外して切り離したチェイン端から2mの位置にワイヤーロープを掛け、そろりそろりとチェインを繰り出して海面手前まで降ろして準備しておく。④所定のブイの近くまで先取りロープを巻き込みながら船首をブイの近くまで持って行き、ブイの上に乗って待機している綱取り作業員にチェイン先端シャックルとブイのリングにシャックルを留めてもらった後、先取りのロープを外《はず》し、⑤チェインを所定の長さまで伸ばしてウィンドラスのバンドブレーキを締め、コンプレッサーのストップバーをかけ、安全ピンを通してブイ係留作業終了となる。

この頃の港の係留は全国ほぼこのような方法で行われ、岸壁が整備されてなくブイ係留が主流だった。大阪港安治川のブイ係留は狭い川で流れも速く、対岸との距離が無いため船首、船尾とも通常ホーサーでヘッドライン3本、スターンライン3本をブイに係留していた。半年の乗船で昭和37年4月13日、東京港で休暇下船した。

4　懐かしのラワン積みと南方の島々

――東南アジア航路・貨物船「峰島丸」

5246DW㌧　燃費8・6㌧／日　2400馬力
昭和37年6月29日～昭和38年8月4日

東京港で乗船。横浜、名古屋、神戸、門司の日本最終港から鋼材、セメント、タイヤ、雑貨類を満載して出港。台湾の基隆、高雄、香港で雑貨の揚げ積みし、ボルネオ島サンダカン、ジェッセルトン、クチンに寄港。シンガポール、デイリー（チモール島）で揚げ切り後、ポートヘッドランド（オーストラリア）で鉱石ジルコンサンドを積み、ラブアンでは生ゴム、甲板上にはラワン材を積んだ。宮崎県細島港でジルコンを揚げ、門司港、伏木港ではラワン材を、さらに新潟港、小樽港で揚げた。

◇4―1　チモール島デイリーでヤシの木に係船して揚げ荷

ジャワ島、東チモール・デイリーの揚げ荷は、なにせ港といっても小型漁船が係船する5m位の小さな桟橋しかないのだ。遠浅の海岸なので、滅多に経験しない係船方法と揚げ荷となった。水深がないため陸地から500m位の地点でアンカーを入れて船尾を陸地側にし、そこに小型のボートを使って本船の船尾から係船ホーサーを垂らして受け取ってもらう。そのホーサーを陸地まで引っ張っていき、陸地側の水際で待っているロープマンに渡し、そのホーサーを海辺に立っているヤシの木に縛ってもらう。そして本船側はそのホーサーを少しずつウインチで巻き込みながら、一方でアンカーを伸ばしつつ陸地に近づき、船底がつかえる陸地から50m位までの地点に近づいて、残る係船ホーサーを繰り出してヤシの木を回してそれを再び船に戻してビットに止める。最初に渡したホーサーも同じように本船に戻し、ビットに留めてバイト巻、係船終了。

何故ヤシの木を大回しにして再度本船までロープを戻してくるかというと、荷役が終わり出港の時に、本船ビットに留めてあるホーサーを外しレッゴーでウインチで巻き込めばヤシの木を回り元に戻ってくる。それでアンカーを巻き込んでいけば本船は少しずつ外に向かい、水深がクリアになればエンジンをかけて航行出来るようになるのだが、何とも珍しい経験になった。

デイリーの港

揚げ荷は、鋼材類は旧日本軍の小型の上陸用舟艇大発に本船デリックを利用して降ろした。大発が往復して桟橋で手作業で陸揚げした。また、雑貨類はドラム缶にあらかじめ納めてあり、そのドラム缶を海中に投げ落とし、沖合からの波と風の力で時間とともに流されて浜辺に浮着して、それを待ち受けていた人夫が半分水に浸かりながらゴロゴロと押して陸地に引き揚げていくという方法で、なるほどと感心するやら、こんなんもあるやと驚くやらだ。船内に来た人夫達も裸足、上半身裸で腰布一つ。大人か子供か見分けがつかないほど小柄だった。

荷役の合間に艀、兼サンパンに同乗し上陸してみたが、華僑の店が2軒、雑貨を売っているだけだった。揚げ荷が終わり往航の台湾キールン港で米を満載した。艙内の乾燥湿気取りでハッチ蓋を一部開放しているため、航海中は通常航海当直員とは別に船橋に雨雲監視の当直員が1名立つことになり、主に午前中はボースン、午後は船匠がブリッジに上がった。時に僕も立たせてもらった。

この時初めて知ったのは、本船が手動操舵装置であり、操舵手とスペア2名が2時間交代で手動でコンパスを見ながら大きな操舵輪を回していたのだ。船の操舵は、出入港、危険な障害物、浅瀬、視界が制限されるとき、他船との危険が生じるときなど以外は自動操舵装置が標準装置と思い込んでいたのだ。船齢が古いので操舵輪が大きく、いかにも舵を取っているように見える。

毎日ベンチレータだけの換気では湿気が抜けないので、朝一番の作業でハッチの両端のハッチカバーをめくり、ハッチボードを数枚開放して空気を入れ替える作業は、東京港での揚げ荷まで続いた。

◇4―2　ジャングルに座礁

2航海目のボルネオ島マレーシア領サバ州サンダカン港、サラワク州ミリ港、シブ港、コチン港での揚げ荷が終わり、生ゴムや材木を積み川を下ってくる途中のS字の川幅30m位の地点で、上げ潮のため船首が水流に押され振られて惰性でぐんぐん岸部に突っ込んでいく。船首には万が一の事故の防止と対処ができるように見張り要員とアンカー要員がスタンバイしている。

船首が振り出し始め、コースから外れ出してエンジンはフル後進。船足を止めようとしたが惰性でぐんぐん岸辺に突っ込んでいく。直ちにアンカーを入れてウィンドラスのブレーキをかけて船足を止めるが、それでも錨を引きずって川底を爪で引っかきながらジャングルの岸に乗り上げてしまった。フォックスル（船首）の右舷側にはジャングルの木々の枝やつるが垂れ下がってきていた。

幸い岸辺は泥であり、満潮を待つ間にサウンディングを実施。船首から右舷側を5m置きに船尾へ回り、左舷側を一回りして測深。どのくらい船底がつかえているか計測して離脱の準備。愈々潮が満ちてきて川の流れが止まり、アンカーを少しずつ巻き込むと同時にエンジンスロースターンで本船を後退させる。

舳先の後退を確認しながら船底を傷つけないようにゆっくりゆっくりアンカーを巻きながら航路筋まで戻り離岸に成功。河口に向かい外洋に出た。その間に船底の亀裂などからの水漏れがないか、船首、ホールド、船尾までビルジウェイのチェックなどを行い、異常がないことを確認して通常航海に戻った。

尾道港で材木を揚げ切って、3航海目は横浜、神戸、門司で積み荷後、香港に寄港。バンコックにて揚げ積み荷後、シンガポール、ジョホールで揚げ荷して、マレー半島コタバル港で揚げ荷のため港らしき沖合に到着するも、ここは港としての施設はなくアンカーを入れる。

どこから出てきたのか艀での荷役だった。その合間に艀に乗せてもらい、杭の上に板を張っただけの桟橋から上陸してみると、舗装されていない道路にヤシの木があるだけで、雑貨屋、果物屋、屋台の食堂が両側に並んでいる。雑貨屋のおばちゃんが「ニッポン軍票あるよ」と奥から戦時中に使われていた日本軍の軍票の束を出してきて、「アメリカドルとチェンジ、チェンジ」と売りつけようとしつこかったが、後で考えると記念に交換しておけば良かったと後悔した。

戦後20年経って、このような日本軍の遺産を見たり触れて感ずるものがあった。思えば第二次大戦のマレー作戦敵前上陸で最も早く陸軍部隊が上陸を果たしたのがこのコタバル地点である。あの〈ニイタカヤマノボレ〉の海軍機動部隊がハワイ真珠湾を攻撃した時間よりも、陸軍のコタバル上陸の方が早く、太平洋戦争はまずマレー半島から火の手が上がったと言われている。

路上で売っている見たことのない巨大なラグビーボールのような40cm位あるパイナップルとパパイヤを買って帰船し、早速食べてみると、その味はまさに南国の味。太陽の光の下で成長した果物で、今でもその甘酸っぱい味は忘れられない。

その後バンコックで揚げ荷後、タイ米を積んで日本へ帰港した。台湾での米や今回の輸入米などは学校給食用とのことだった。

4次航海はインド、パキスタンへの航海で、香港、シンガポールを経由してマラッカ海峡を抜け、コロンボ、ボンベイ、カラチで揚げ荷後、積み荷のため再度ボンベイ港（ムンバイ）へ到着。当直の合間に上陸したが、地区は英国風のレンガと石造りの建物が並び、神戸の港の雰囲気であったが、少し裏手の町はずれの方向に行くと庶民の町並みで、雑然とした建物と露店かどうかはっきり分からない店が並ぶ。牛が引手もない様だったけど糞をしながら悠然と歩いていたのには驚いた。

バナナを2房買って戻る途中におばちゃんから、「若い女の娘がいるよ。遊んでいって」としつこく誘われた。その若い子とは自分の娘で、3人いるから好きな子を選んでいいと言う。とても理解できるものではないので、お金がないよと言うと、そのバナナでも良いと言われた。これがインドの現実なんだと考えされられた。早々に輪タクを拾い帰船。

フグリ川河口のカルカッタ港（コルカタ）で揚げ荷して、綿花を積み出港。運河を通過するために船首、船尾には全員配置。各乗組員の部屋は岸壁を離れ出港したということで鍵を掛けずにスタンバイに出ていた。

通常、どの港でも荷役のために人夫や船食、土産屋などの出入りがあり、それに交じって泥棒や強盗が入り、乗組員の所持品とかストアの備品、船用品などを盗んでいくので警戒を怠れない。しかしこの時は既に岸壁を離れ出港したからという油断があった。運河に本船が入りゲートが閉まって水位を調整している最中に、舷の高さがロックの高さと同じぐらいになった時、突然岸壁側から数人の男たちが左舷側デッキに飛び乗ってきた。そして甲板上のクルーの部屋に一瞬にして入り込み、机の上のラジオとかテープレコーダーや引き出しの財布などをかっぱらって行ってしまった。まさかのまさかで唖然としてどうすることも出来ず、後で調べたらベッドの毛布まで持って行かれてしまっていた。

5次航海の始めに定期検査のため大阪の日立造船に入渠し、1週間に及ぶ法定検査と不良個所の点検整備、法定備品の交換、船体の塗装等々が行われた。国内各港で積み荷を終えて、台湾、香港、シンガポールで揚げ荷。復航はボルネオ島サンダカン、ジェセルトン、クチンで南洋材（ラワン材）をホールド。オンデッキに満載して帰りの航海途上のバシー海峡付近を航海中のことだった。船橋当直者から丸太をラッシングしている20㎜ワイヤーの真ん中辺に何か緑色の1m棒状のものが見え、望遠鏡で確認してもはっきり何かが分からないので確認するよう連絡があった。

甲板上のラワン丸太は毎日午前中に1番ハッチから4番ハッチまですべてのワイヤーの緩みを1本ずつ確認し、緩みがあればターンバックルを締めていく作業をする。その作業にかかる前にデッキ上の丸太のワイヤーを近くで確認したら、それは見たこともない2mもある金色っぽい色の蛇であった。暑さに耐えられなくて材木の間から出てきたのだろうが、それでどうやって退治し船外に出すか、と知恵を絞ることになった。なかには塩酸を掛けたらどうかという意見も出た。結局はナイロンシートを下に置き、万が一のため雨合羽を着て飛びつかれても大丈夫なようにして近づき、ワイヤーカッターで切断してワイヤーに絡まっていた蛇をなんとかドンゴロスに押し込み、船外に捨てた。

本船は外航船では最も小さい方の船で総トン数３３１８トン。大型船では滅多に行けないような川の上流にある辺鄙な岸壁での荷役とか、遠浅にアンカーを入れてヤシの木をビット替わりにしたりして、他の船では経験できないような思い出がある。東南アジアの聞いたことのない港に行けたという意味でも思い出に残る船だった。１年２か月の乗船期間を経て、材木の揚げ荷を富山県伏木港でするため入港し、休暇下船した。

5　船上で会社の合併、飯野海運から川崎汽船へ

――ニューヨーク航路・貨物船「常島丸」

1万2137DWトン　燃費64・9トン／日　1万2000馬力
昭和38年12月5日～昭和39年7月25日

昭和28年11月から就航していた本船に、4か月の休暇を終えて横浜港で乗船した。ニューヨーク定期航路に就航しており、通常航海速力は18ノットで航走するが、この冬時期の太平洋は波の荒天が続き、特に向かい風となると波の高さも10mを超え、ディーゼル船では荒天時には平均10～12ノット位の速度にスピードダウンする。特に大波に叩かれると船首が波に突っ込んで船尾が持ち上がり、スクリューが海面上に出てしまうので、その時は空転を防ぐためエンジンが自動停止し、スピードも7～8ノットまで落ちる。

本船は主機がタービンで、同じ1万2千馬力でもディーゼルエンジンと違い、力強くスピードが落ちることはない。エンジンの音もディーゼルエンジンのストンストンという音と異なり、ボイラーで蒸気を発生させてタービンを回すため、キーンという一定の音で静かである。大正14年ぐらいまではタービン船が主流だったが、燃費が悪く、その後主機はディーゼルエンジンに代わっていった。

雑貨（タイヤ、ノベルティ、繊維製品、金物、イースターバスケット、クリスマス用品、ライター、日用雑貨類、花火、缶詰）、ワイヤーコイルなどを積み、横浜からパナマ運河経由でニューヨーク、ボストン・フィラデルフィアで揚げ荷。エルク川を通りデラウェア湾からバルチモアへの最短距離を航海するが、30㎞近い距離を自動操縦ではなく、操舵手が1時間ずつ交代で手動で操舵しながら狭い川幅の航路を進む。

ノーフォークで石炭を積み、サウスカロライナのチャールストン、ジョージア州サバナでタバコの葉や綿などを積み、パナマを経由してロスアンゼルス港に入る。そこで補油と食料、特に新鮮野菜やメロン、オレンジ、グレープフルーツ等の果物、牛乳、アイスクリーム、免税品の牛肉などを積み込む。個人の土産品には当時日本で洋酒ブームになっていたので、ジョニーウォーカーの赤や黒、ヘネシーのブランデー等を購入した。2本までは無税で陸揚げできたが、それ以上に税金を払ってまで持ち帰る人もいた。それとハーシーのキスチョコも人気があり、多量に買って田舎に送っている人もいた。

ロスでの補油、補水、食料仕入れは北米航路、南米航路では通常的に行われていた。それは日系人の住む地で何でも品物が充実し、果物、新鮮野菜などが豊富なうえに日本語で注文できる利便性もあるからだろう。

◇5―1　海運会社の合併

長期の海運不況が続き、昭和39年（1964）4月、海運再建2法により競争力を高めるために大手外航船会社を集約・合併し、傘下の系列会社や専属企業を配置してグループ化することとなった。我が飯野海運はタンカー部門を残し、貨物船部門は飯野汽船を設立のうえ、川崎汽船が飯野汽船を吸収合併という形となった。貨物船に乗船していた僕達にとっては前代未聞のことで、洋上で航海中に所属会社が飯野海運から川崎汽船へと移籍することとなった。これによって、川崎汽船の運行隻数は104隻、154万9841DWTとなり、船腹量において世界有数の一大海運会社となった。

同じように他社では、日本郵船と三菱海運が合併して「日本郵船」、日本油槽船と日産汽船が「昭和海運」、山下汽船と新日本汽船が「山下新日本汽船」、日東商船と大同海運が「ジャパンライン」、大阪商船と三井船舶が「大阪商船三井船舶」となり、中核6社に集約された。後に1989年、山下新日本汽船とジャパンラインが合併して「ナビックスライン」となった。

社名が変わり、2航海は飯野海運のファンネルマーク、飯野寅吉マークから神戸停泊中に川重のKのマークに変わり、船体に描かれていた「IINO LINES」のマークも消され外見上は川崎汽船の船に生まれ変わった。変更後も飯野海運の定期航路だった五大湖航路に引き続き配船され、ロスを経由してハリファックス、モントリオール、トロント、クリーブランド、デトロイト、シカゴ、ミルウォーキーへ。そしてダルースから五大湖を出てモントリオール、ポートアルフレッドからクリストバルで補油後に日本に帰着し、昭和39年7月25日に神戸港にて下船。

ニューヨーク港の本船

6　川汽の持船社船に乗船
——中南米西岸航路・貨物船「建川丸」

1万0854DWトン　燃費22トン／日　5490馬力
昭和39年10月1日〜昭和40年11月16日

大阪港にて合併後初めて川崎汽船の社船に乗船した。本船は南米西岸カリブ航路ということで、僕にとっては初めてのラテン民族の国々へ行く航海を楽しみに期待する航路であった。特に川崎汽船の前身川崎造船所、川崎船舶部の時代から就航していた戦前、琴平丸が往航にメキシコ移民を乗せてサリナクルス、マンザニヨ、サンタクルスへ運び、復航では小麦粉を積んでいた伝統のある航路と聞いていた。

早速書店で「ポケットスペイン語会話」（カッパノベルス・光文社）を買って大阪港で乗船した。後にこの会話本が僕のスペイン語上達に役立つ基礎となった。

神戸川重ドックに入り、5日間の中間検査を終えて香港で積み荷後、名古屋、横浜港へ。最終港なので夜食用の玉ねぎやソーセージ、インスタントラーメン、焼きそば、乾麺などを購入。また現地で船内に来る土産屋は日本の石鹸、傘を欲しがると聞いていたので、物々交換するための化粧石鹸、雨傘、サンダル等の物品も購入した。

横浜ではオールナイトの荷役で食事する時間が少なく、出港してからその分ゆっくりと食事をとる。航海中、船の食事時間は船が24時間動いているので航海当直者にも考慮したものとなっている。00時〜04時はブリッジでは二等航海士と操舵手1名、機関部では二等機関士と操機手が、04時〜08時は一等航海士と操舵手1名に一等機関士と操機手が、08時〜12時は三等航海士と操舵手1名が2人1組3交代で当直しているので、それぞれの当直者に合わせて非当直者作業前、昼休み時と午後作業が終わった後の時刻が食事時間となる。

夜の当直で20時〜24時と00時〜04時の当直が終わると腹が減り、夜食も用意されているが、自分たちの好みの品を作って食べたりもする。事前に購入した食品を冷蔵庫から出して調理し、酒を飲みながら食べて団欒してからベッドに入る生活が毎日だ。

夕食後には当直者で次の当直までの時間を過ごす間、非当直者、甲板部員や機関部員でマージャンが好きな人達が集まり、テーブルで2卓は毎晩のようにマージャンが行われていた。飯野海運に入社して船に乗ったが、船内では賭け事、マージャンが禁止されていて、これは日本郵船の厳格な伝統が継承されていたという。飯海運設立時に郵船から来られた指導者や船員が厳格な規律、上下関係、船内生活などを決められていたためと聞いていたが、実際かなり型苦しく規律正しい日々の生活だった。

事実、当時建造された貨物船には郵船スタイルというか船客を乗せる客室もあり、かなりクラシックな移住区回りの造りでもあった。アメリカ往航には船客が乗船していて、船客用サロンルームボーイやコックさんが乗組員とは別メニューの料理を作っていた。

川崎汽船と合併して驚いたことの一つは、乗組員全体の年齢が若くて入社後の昇進も早く、皆が活き活きとそして家族のように過ごしているのには感心した。それと仕事を終えた自由時間にはマージャンが盛んだったことだ。航海中の楽しみのない中でのレクリエーションでもあったようだが、それは仕事に支障ないように大体一荘（イーチャン）で終わるものだった。

◇6―1　楽しかったカリブ海の港

ファーストポートはカリフォルニア湾メキシコのマザトラン港に12月2日入港する。丘の端に桟橋があり倉庫などなく、こんなところで雑貨を揚げて大丈夫かなと聞くと、「雨が降らないから大丈夫」と人夫が言うのだ。

停泊時間は揚げ荷だけなので24時間だったが、非番の者がサボテンを取りに行くと言って出掛けて行き、戻ってきたら色んな種類のサボテンをドンゴロス（麻袋）に入れて持ち帰ってきた。聞くと、少し町のはずれの丘にはゴロゴロしているということだった。これもお土産になるとのことで、僕は当直で行けなかったので佐藤修平先輩に頼んで分けてもらった。

2日後、観光と避暑地で有名なアカプルコに寄港する。ここはなんとしても上陸したかったので、当直の合間に上陸して街に出た。有名な観光地のアカプルコ海岸の空気を吸ってナチョスを食べ、絵葉書を買って代理店に頼んで母に送った。下船後にその葉書を見ると切手も貼ってなくスタンプもないのに日本の母の手元まで届いていたので、流石はラテンの国だなと変に感心した。

　のんびりとした空気のアカプルコを後にしてパナマ運河を通過。太平洋岸のクリストバルで揚げ荷と補油・補水をしてバランキラ、ラガイラ、プエルトカベロ、キュラソー、アルバ、マラカイボ、ポルトオスペイン、パラマリボへ寄港。バルバドス島の首都ブリッジタウンでは、何度か来てこの港を知っている先輩たちは入港すると仕事の合間にバケツと軍手を持ってイセエビのつかみ取りに行っていた。石積み岸壁の付け根に潜り、岩陰の穴から頭を出したイセエビを軍手をはめてワシづかみで取ってきていた。いとも簡単に数十匹もつかみ取りできるのには驚いた。島々では荷役の少しの合間をみて上陸し、町並みと人々の生活を見学して音楽や食べ物を楽しんだ。

　カリブ海の島々で雑貨と乗用車を陸揚げし、揚げ切り後、フロリダ州のタンパ港でリン鉱石を積む。パナマ運河を経由しコリント、チャンペリコ、サンホセで綿花を積み、ロスで清水と食糧を積み込み日本へ帰着した。

◇6―2　南米西岸航路に就く

　2次航は南米西岸航路として鋼材、タイヤ、雑貨などを積み、最後に横浜港で日産ジープ・パトロールを数十台積んだ。また研修生として海外の港湾荷役視察のため横浜の関連荷役会社の原田龍次郎さんがペルーまで便乗してきた。サンホセに着くまでの毎日、ブリッジ・無線室や夜は皆が集まる食堂でスペイン語圏の話題を語り合っていた。

港に着くと、荷役の現場の状況を見たり聞いたりして、カヤオ下船まで積極的に活動されていた。その名前の由来を聞いたら、父親が海外に向かう日本郵船の龍田丸に乗船中に生まれたからだそうだ。40年後の２００５年、原田港湾㈱社長としての龍次郎さんとお会いする機会があったが、乗船中の生活や乗組員を鮮明に記憶されていて、一番の思い出だったそうだ。

ロスを経由しサンホセ、アカフトラ、アマパラ、コリント、プンタレナス、コロンビアのベナベンチュラ港に寄港。エクアドルのガヤキール港へ入港した。荷役作業の人夫達が仕事はそっちのけで乗組員の通路まで入り込んでバナナを持ち込み、バナナ売りになる。日本を出港する前に購入していた花王化粧石鹸1個でバナナひと房と交換してくれ、傘で枝1本分のバナナと交換してくれた。他になぜか彼らは「グワンテ、グワンテ」と軍手も欲しがり、我々が手にしているそれでも良いから分けてくれと言うほどの人気で、洗濯室に置いてある使い古しも持って行かれる始末だった。

次にペルーの首都リマの玄関港カヤオへ入港。雑貨の揚げ荷と綿の積み荷などで3日の停泊となる。首都のリマまで10㎞をバスで行き市内見学をして帰るが、結構日系人が多いせいか「ハポン、ハポン」と話しかけてくれる。

カヤオの港に戻ると、警備している警官が近寄ってきて腰のピストルを抜き、「これを買わないか」と持ち掛けてきたので驚いた。ウステ（貴方）はこの後「売れば後はどうするんだ」と聞くと、「無くしたと言えばすぐ次が手に入る」と言うのには恐れいった。

チリのバルパライソ港へ入港した。ここは美人が多いという評判だったが上陸する時間がなかった。復航のトコピラ港でチリ硝石を積む。硝石は肥料、染料、火薬、酸化剤などに使われるという。積み荷の前にホールド内を徹底的に掃除する。鉄屑、木屑、土屑などを取り除き、水気、湿気を除去する作業を甲板部全員で行った後、積み荷をする。

トコピラ港でのフィッシュミル（魚粉）荷役

温度変化の影響でホールド内が発汗しないように通風に気を付けて、ベンチレータの空気取入れ口の向きを変えたり、雨が降ると取入れ口にカバーをつけたり外したりしなくてはならなかった。その作業は日本の港に着くまでの日課でもあった。

ピスコでフィッシュミル（魚粉）を積み、ラ・ウニオン（ホンジュラス）、コリント（ニカラグア）で綿花を積み、いつものようにロスで補油と食糧を積み込み日本へ帰港。

3航海目の日本では室蘭港が最終港だった。本船入港

3日前に原油2万7千トンを積んで室蘭タンカーバースに接岸しようとしていたノルウェー船籍のヘイムバード号が操船を誤り岸壁に衝突した。同船から原油が流れ出して引火炎上し（28日間燃え続けた）、赤茶けた本船の消火活動をしているのを見ながら室蘭の雑貨岸壁に接岸し、鋼材、コイルを積み込み出港。

ガルフ航路としてパナマ運河を経由しニューオーリンズで揚げ荷。ポートエヴァーグレード、モビールでの揚げ荷が終わり、タンパでリン鉱石をベースカーゴに積み、パナマを経由してエルサルバドルのアカフトラで綿花を積み、ロスに寄港し日本へ帰港。

昭和40年11月16日、四日市港で休暇下船した。

航行中の建川丸

7　憧れのニューヨーク

――ニューヨーク航路・貨物船「ねばだ丸」

1万3326DWトン　燃費37・50トン／日　1万1500馬力
昭和41年1月10日～昭和42年4月28日

いまだ正月気分の抜け切れていない新年早々、無情にも乗船の葉書が届いた。神戸乗船となる。昭和31年8月、アメリカのUnited State Line社（ユナイテッド・ステイト・ライン）がマリナー型で速力20ノットの高速貨物船を投入。これに対抗して、昭和33年6月にその第1船として完工した21ノットの高速船が本船である。

冷蔵貨物艙が3番ハッチのアッパーデッキ両舷に、シルクルームが1番ハッチのアッパーデッキの前部に設けられていた。デッキハッチの開閉にはマクレゴー式が採用されていて、荷役の効率化と乗組員の負担の軽減に大いに役立つ開閉装置であった。

◇7―1　ブルーリボンに輝いた太平洋横断記録

「ねばだ丸」は処女航海でフィリッピン、マレーシア、日本各港で雑貨等7730トンを積み、昭和33年8月3日に横浜を出港。横浜港3番ブイからサンフランシスコ港外灯船までを9日

おれごん丸（左）と本船（サンフランシスコ港）

15時間10分、平均速力１９・５７４ノットで航走して太平洋横断最速記録を樹立し、ブルーリボンを獲得した船であった。そんな船へ期待とワクワクしての乗船だった。ブルーリボンも昭和35年までに社船「もんたな丸」「おれごん丸」「ころらど丸」が竣工して、昭和34年5月に「おれごん丸」が「ねばだ丸」の記録を更新し、続いて昭和34年7月に「ねばだ丸」が再び9日11時間50分でこの記録を破るなどした。いずれも高性能の定期航路の花形船だった。

その後昭和42年、「仏蘭西丸」「伊太利丸」「すぺいん丸」「ぽるとがる丸」が竣工し、「仏蘭西丸」が処女航海で横浜～サンフランシスコ間を平均速力２０・３５ノットで走破して太平洋横断新記録を樹立。さらに2航海目には8時間短縮し、8日22時間15分と記録を更新。また、その後に竣工した「伊太利丸」が平均速力２１・４８ノットで所要時間8日18時間35分の新記録を達成した。この航路には「ねばだ丸」の同型船ほか「康島丸」「大島丸」、42年からは「仏蘭西丸」型が配船されていた。

本船には5航海、約1年3か月乗船した。その航跡は1航海目がバンコック、高雄、基隆、ロスアンゼルス、クリストバル、ニューヨーク、プロビデンス、ボストン、ポートランド、シアーズポート、フィラデルフィア、ノーフォーク、ニューヨークとアメリカ東岸の港での揚げ荷と積み荷で、2航海目以降は復航ウィルミントン、サバンナ、チャールストン等に寄港。モアヘッドシティで樽に入ったタバコの葉を積み込んだ。

横浜を出港してからパナマのバルボア港まで19日、運河通過に1日、クリストバルを出て5日の航海でニューヨーク着。フィラデルフィア、ボルチモアで揚げ荷後、ノーフォークで石炭（ハンプトンロード炭で粘結炭。製鉄原料として不可欠なもの）を7千トンほど積み、チャールストン港、サバナ港で綿を積む。

ニューヨーク航路は最初のニューヨークに入港してから揚げ荷と積み荷が続く。日本の各港で各種の雑貨の積み込をする際には、それぞれの揚げ地ごとに本船のローテーションに合わせての積み荷プランがある。何番ハッチのどの部分に、どの港で、どのような貨物を積むと計画されている。

居住区前方に1・2・3、船倉後部にも4・5・6と前後6個の船倉があり、其々オンデッキには重量物等を積む。船倉内はアッパーデッキ、ツインデッキ、ホールドと3つの段艙になっていて、そこに其々の仕向け地ごとに積み付けを行っていく。ホールド内は鉄板なので貨物の形状に合わせてダンネージ、角材（半割、3寸、5寸角、尺角）、ワイヤー類、番線、シャックル、ターンバックル、ロープ、ネット、キャンバス、ロールペーパー等の資材を使って艙内の貨物が航海中に転倒、落下、ずれなどの防止に使用する。

　ニューヨーク港に着くとそれらを取り外して揚げ荷し、同時に積み荷もするので、貨物を陸揚げした後のダンネージやネット、ワイヤー、ターンバックル、シャックルなどの片づけと掃除をして積み荷の準備をする。バンコックで積んだパーム油のディープタンククリーニングにも、丸1日の時間を費やした。

◇7―2　ノーフォークの石炭積み

　積み荷が終わるとハッチ仕舞（航海準備）してすぐに出港、ケープメイ岬をかわしてデラウェア川を上流へ235マイルの距離を14～15時間ですぐにフィラデルフィアに到着する。

　その間にも積み荷のための船倉内の掃除と、その次のノーフォーク迄251マイルを15～16時間で到着するので石炭を積むためにラッシング資材をオンデッキに出しておく。その作業はノーフォーク港に着くまで続く。フィラデルフィアを出港しノーフォークの石炭岸壁に着岸したら、日曜・祭日・昼夜関係なく即荷役を開始し積み込をスタートするので、ハッチを開けて荷役用のデリックは岸壁とは反対側に振り出し、積み込用のローダーがハッチ口に届くように準備する。

　同時にサードオフサーと共に船首、船尾、船体中央部のドラフト（喫水）を計測するのでジャコブスラダーを用意する。貨物を積む前と積んだ後の喫水の差は貨物の重さで、排除された海水の容積を割り出すアルキメデスの原理を応用している。喫水標は船底から1mごとに1m……6m、7mとあり、その間は20㎝ごとに2、4、6、8と立体的に白地で記入されている。縄梯子をデッキのブルーワークから吊り下げ、サードオフィサーがそれを伝わって降りて水面からの高さを確認するので、甲板部員が一緒についてその縄梯子を担いで回り、ドラフトを読みとる。これを「あしを読む」とも言っていた。

石炭の積み込みは、船首側と船尾側に1台ずつ配置されたローダーによって、幅2m位あるベルトコンベアで運ばれて来た石炭を船倉内にドドドド〜と落とし込んでくる。5〜6時間位で7千トンほどを積み込んでしまう。そしてドラフト計測して最終積み込トン数を確定し、ハッチ仕舞して出港となる。

大洋に出て、荷役中のこぼれた石炭の殻とか粉塵で船全体が黒くなっているので、ワッシュデッキを行う。海水パイプラインが船中に巡らされていて、そこから消火用ホースを使って海水で洗い流し、最後に居住区は清水で流して塩分を除き塩気を除去する。

この間ニューヨークに到着してから10日間位は、港への出入港スタンバイと揚げ荷、積み荷の荷役当直やホールドワッチ、その合間に掃除、ダンネージの回収、整備などと十分な睡眠時間と休息がとれない日々が続く。

次の航海はニューヨーク、フィラデルフィア、バルチモア、ノーフォークのローテーションだったが、フィラからバルチへはデラウェア運河の95マイルを通るので、操舵も手動となり、およそ8時間、運河を通る間は中原達二ヘッドセイラーと僕は操舵員ヘルプでブリッジに上がり、残りの甲板部員は不眠不休で甲板作業を続け、最後の石炭積みとなる。

最新鋭の高速船が投入されている花形ニューヨーク航路は、このように我々乗組員の不眠不休の厳しい仕事の連続で支えられ、ノーフォークの石炭積みは今でも語り継がれる過酷な航路でもあった。

下船前の最後の航海でコンテナ積みが試験的に行われた。横浜港でオンデッキにコンテナ輸送を行うためのコンテナ受け台のビームやコンテナラッシング用アイボルトの溶接取り付けなどの工事を行った。段積にはコーンというコンテナ四隅の合金の柱に開けられている穴に上下山型の金属塊をはめ込み、さらにコンテナを固縛するための片側フックと、もう片側はターンバックルが付いたラッシングワイヤーで4か所ずつセッティングし、ターンバックルを締めあげて固定する。

本来、在来船の貨物は船倉内に積むように出来ているが、甲板上に貨物を積むことから時化で波や風の影響をもろに受けるため十分に貨物を保護するよう最善を尽くす補強がなされた。そしてデッキ上に数十本のコンテナを積んでオークランドに向け出港した。それはマトソン社のロスアンゼルス―ホノルル間の改装コンテナ船就航に刺激を受け、将来のコンテナ化を見据えた会社の第一歩だった。

そして昭和43年からはマトソン社と日本郵船と昭和海運のグループの「箱根丸」「榛名丸」、

川崎汽船の「ごーるでんげいとぶりっじ」とジャパンラインの「ジャパンエース」、大阪商船三井船舶、山下新日本のグループの「あめりか丸」「加州丸」6隻のフルコンテナ船の就航によるコンテナ輸送の幕開けとなった。

その先駆けとしてニューヨーク航路の高速貨物船3隻が改造された。荷役用のデリックポストやデリックが取り除かれ船幅を広くして甲板上にレールを敷き三井パセコの門型クレーンを2基備え、船名も改められた。「もんたな丸」が「はーばーぶりっじ」、「おれごん丸」が「たわーぶりっじ」、「ころらど丸」が「べいぶりっじ」と生まれ変わり、極東・カリフォルニア航路のコンテナ船として就航した。9年後の昭和50年に僕は韓国の釜山で「はーばーぶりっじ」に緊急乗船することになった。

◇7―3 海員学校の同級生と乗り合わせ

1航海して戻ると、休暇下船者の交代要員に海員学校同級生の安部君が乗船してきた。当時会社には貨物船60隻、タンカーなど17隻、石炭・鉱石船、自動車船など20隻など100隻近く運航されていて、それに対して船員は3035人が在籍。その上、当時入社した会社が別々だったのだが、まさか同級生と乗り合わすとは夢にも思わなかった。彼とは2航海共に働き、毎夜仕事終わりには海員学校時代の思い出や同級生の話をしたものだ。

僕は先に休暇下船したが、その後にペルシャ湾航路のLPG船で彼の交代要員として引継ぎ乗船。さらに数年後、カリフォルニア航路のコンテナ船「ごーるでんげいとぶりっじ」でワッチオフィサーをしていた彼の後任引継ぎ要員で乗船。滅多にないことが次々と生じるなど、彼とは不思議な縁があった。

数十年後の退職後も、熊本出身の彼と鹿児島出身の僕がいみじくも大阪に住み、彼は奥様方の豆腐屋さんを北区天神橋通りで営んでいたので豆乳を貰いに行った。しかし、２０１５年９月30日迄70年間続いた店を高齢のため後継者がなく店じまいした。その２年後の２０１７年９月１日、癌の治療を受けていたが他界、身近で大事な友人を失ってしまった。同じ28期生の和歌山に住む下之段君と３人で同窓会の幹事をして九州からの同級生を迎えたが、その同窓会に新門司港から大阪泉大津まで阪急フェリー「長門」を利用してきた際に、フェリーの船長をしていた峰洋君も唐津の同級生だった。全寮制の同じ釜の飯を食った仲間たちが78歳を過ぎた今でも、年一度の同窓会を開催している。

５航海乗って、昭和42年４月28日、横浜港にて休暇下船した。

8　6か月間にも及ぶ三国航路

――豪州／南米西岸／カリブ海航路・貨物船「照川丸」

1万1056DWトン　燃費22トン／日　5490馬力

昭和42年7月5日〜昭和43年6月27日

横浜港で乗船。日本各地で揚げ荷後、神戸川崎重工ドックに定期検査で入渠し完工後、空船でブリスベーンに到着する。

豪州／南米西岸／カリブ海航路は1航海に6か月も日数がかかる。オーストラリア政府の航路補助があり、同国製品の輸出振興を目的として開設されたものであった。冷凍艙5万cft以上を保有する条件に適った本船は、冷凍貨物、粉ミルクなどを運ぶ。ポートケンブラ、ニューキャッスル、シドニー、アデレードを経由して最終港メルボルンに入港した。

◇8―1　ホールデンを積む

世界的にあまり知られていないが、オーストラリア製の乗用車を積むためラッシング用の資材の準備に追われる。各港で積み込んだ雑貨貨物の上にダンネージ、ベニヤ板を敷いて、その上に角材で四角なタイヤ止めを置き、オーストラリア唯一の独自ブランド乗用車ホールデンを

シドニーのハーバーブリッジ下を航行

積む。アメリカ車より少し小柄でヨーロッパ車よりも大きな独特のボディサイズで、クラシックな感じの車だ。

南米ペルーのカヤオ港まで実に南半球無寄港の1か月近い航海は、商業航路でもないため行き会う船もなく、航海中はラジオも中波電波がどこからも届かず、日本短波放送も殆ど聞けない、まさに世間から取り残されたような南半球の航海が続いた。

船体の手入れ作業や荷役用具の整備作業を重点的に行った。さらに月に一度行う火災訓練、ボート避難訓練当日は、まず備品チェック、ボートダビットのワイヤー点検、救命筏の各部点検など入念に行う。13時に汽笛が鳴らされ、居住区の緊急警報ベルと同時にブリッジからはスピーカーで火災現場の「船首ストア付近」と放送され、総員防火部署につく。

空き缶に油を含んだウェスに点火され煙を上げているところに消火班が飛び出し、消火栓からホースをつなぎ「消火準備完了」とトランシーバーでブリッジに報告。別のチームは通風装置を遮断し、エンジンルームでは海水ポンプを発動させ放水。火災鎮火まで5分もかからない時間で訓練が終わり用具を納めると、次に救命艇降下訓練が行われる。

ライフジャケットを着て救命艇の前に整列して左舷、右舷の前で人員点呼をし、「艇降下準備かかれ」の号令でボートカバーを外しラッシングされているボートワイヤーを解く。甲板部責任者がブレーキを外し、ゆっくりとブレーキ操作しながらボートデッキ上すれすれまで艇を降下させていく。

作動が順調か確認して、問題なければエアーモーターで巻き上げてギヤに取り付け、さらにボートを巻き上げて元の位置に戻し、ボート内の非常食の取り換えや清水タンクの水の取り換え等を行い訓練が終わる。船の安全航行に万全を期すのも当然だが、万が一の時に備えて大事な訓練はどの船でも実施されている。

ペルーの陸地が視野に入ると、流石に長いノンストップ航海だったのでやれやれと安心する。カヤオでは貨物の上段に積み込んでいた車やミルクを揚げ荷した。エクアドルのガヤキール、コロンビアのベナベンチュラで揚げ荷した後、パナマ運河を通過し、大西洋側のクリストバルで補水と補油をする。

誰もが一度は行ってみたい夢多きカリブ海の島々の港への航海は久々だった。まずジャマイカ島のキングストン、トリニダードトバゴ島のポートオブスペイン、バルバドス島のブリッジタウン、大陸ガイアナのジョージタウンで揚げ荷していく。ミルク、小麦粉、繊維製品、木材、ベニヤ板、玩具、工業製品、数台ずつの乗用車等の揚げ荷が終わり、復航にマッケンジー、ベネズエラのテンプラドール港でボーキサイドをベースカーゴに積み、パナマを経由。中米で綿花を積み取り、6か月後日本に帰ってきた。

カリブ海の小さな島々の港を順番に回る航海であり、ラテン系の彼らの人懐こくて明るいアスタマニアナの楽天的な性格のおかげで、我々日本人にとっては気の張らない港々だった。沿岸航海中はラテン音楽を聴くことができ、パナマではクンビアやカリプソ、ドミニカではメンゲ、キューバやプエルトリコではサルサなど、仕事が終わると軽快な音楽を聴きながらビールを飲むのが楽しみでもあった。メキシコ沿岸では歌手ハビエル・ソリスのソンブラスという曲が流行していたが、彼は1966年に35歳という若さで亡くなったそうだ。

仕事の合間に模型船づくり

2航海目に入るにあたっては、航海中の船内図書の文庫数が少なかったので、単行本、日本海事協会発行の世界港距離表、週刊誌など数十冊買ってきた。沿岸を航行中はそれぞれの国の中波のラジオが聴こえるが、南半球はオーストラリア大陸から南米大陸までは途中に点在する島々もなく、ラジオ放送は聴けず、日本の短波放送も地球の反対側のせいでほとんど聴こえない。この間の航海は本を読むしか娯楽がないのだ。

1か月近く海と空しか見えない航海は流石に退屈となり、日常の仕事が終わると本を読んだり、模型の商船や帆船を作ったり、ボトルシップを作るなど、余りある時間を過ごす航海の日々だった。まさに1航海が半年という長い航海を二度終え、1年ぶりの昭和43年6月27日、横浜港にて休暇下船した。

9　伝説のマゼラン海峡を三度も航行

――バナナ・冷凍冷蔵運搬船「えくあどる丸」

5901DW㌧　燃費42㌧／日　1万0800馬力
昭和43年8月12日～昭和44年12月25日

神戸港兵庫突堤にてバナナ揚げ荷中の本船に乗船した。当直中の長船栄二郎セコンドオフサーに挨拶。甲板部の安藤義貞さんには早速、積み荷バナナのイロハを教えてもらう。

昭和38年（1963）、バナナ輸入が自由化され、同年7月に建造された日本で初めての冷凍冷蔵船である。その船の馬力と20ノットのスピードが魅力のやせ型球状船首（バルバスバウ）が採用された高速船で、姉妹船にバナドール号、バナグランデ号、こすたりか丸が投入されていて、エクアドルのガヤキール港と日本間のバナナ輸送に配船された。なお当時はフィリッピンからのバナナは輸入されていなかった。

総トン数5千㌧と小ぶりだが1万馬力の主機関を搭載し、1日42㌧の燃料を消費。当時の花のニューヨーク就航船よりスピードが勝る憧れの船だった。4つの船倉は全て温度調整可能で居住区の前後に2倉ずつあり、1箱15kg、16万カートンを満載してきていた。

揚げ荷が終わるとハッチ仕舞し、空船で何処にも寄港せず8277海里をノンストップでエクアドルに向かう。航海中はホールド内の掃除と積み荷のための準備を行いながら19昼夜でガヤキールに到着。接岸すると1ハッチ20人位の人夫が乗船してきて、本船デリックとサイドポートからのコンベアを使っての手積みの作業で、24時間程で積み荷は終了。

彼らはステベとして制服はなく普段着なので、一般人と区別がつかない。乗組員の居住区に出入りしてバナナや現地の土産品を持ち込んで、石鹸、傘、軍手と「チェンジ、チェンジ」と言って売りに来る。出港前になると石鹸1個とバナナ2房、軍手1足とバナナ2房と交換し、まさに投げ売りして帰っていく。その緑色のバナナを航海中の部屋にぶらさげて眺めるのも癒しになった。

積み込が終わると艙内は設定温度が13℃に設定され、0・5℃の範囲でコントロールされて日本まで運ばれる。航海中、機関部の冷凍専門担当者は艙内に設置されている温度計を計測。甲板部では艙内に黄色になったバナナがないか色度とその匂いチェックを行うが、その午前と午後のチェックは欠かせない重要な日課だった。2人1組でホールド内を天井まで積まれたカートンの隙間を這って、クンクン鼻をならしながら色づんだバナナから発する匂いをかぎ分ける。僕には至難の技だったが、慣れた人には鼻利きがいてすぐに探し当てられるのには感心する。

黄色くなるバナナは伝染すると言われていて、その周辺からどんどん黄色く広がって行くので早期発見が重要だった。ガヤキールを出港して180度線を越える辺りから色づき始めるバナナがあり、黄色くなったバナナは輸入できないため、それを見つけ出しては海中に投棄処分する。

バナナは防疫上青いまま輸入される。それは青いと皮がかたく害虫が入りにくいためだ。そのカートン（箱）は燻蒸されるために穴があけられている。陸揚げされたバナナは「むろ」と呼ばれる部屋でエチレンガスを入れて温度を上げ、4～5日で黄色く熟成されて出荷される。

ガヤキールを1航海した後、神戸・兵庫突堤で揚げ荷が終わり、隠岐の島出身の福岡久さんと新人の安東正美さんが乗船してきた。誰が付けたか「どこに行くか分からない、行方不明の三国航路」と言われた船への初乗船だったらしい。デンマークのサーレン社にチャーターされ、その停泊中に煙突のKマークをサーレンのSマークに塗り替えて神戸を出港。

◇9―1　アフリカ・ソマリアからナポリへ

マラッカ海峡を経由しインド洋へ。そして旧イタリアの植民地であったソマリアの首都モガデシオの南メルカとチシマイヨに入港、といっても港の設備はない。沖にアンカーを入れ、バナナは艀で運ばれる。本船の船側にブルーワークから4m程のロープで吊った板を下げ、痩せ細った人夫がその板上に2名ずつが乗り、艀から上へ上へとバナナのカートンを手渡しでサイドポートに運び込む。なんとも原始的な積み込作業で以前、峰島丸に乗船したとき、東チモール島デイリーでドラム缶を海中に投げ込む揚げ荷と似たようなことで、記憶に残る原始的な手渡しバナナ積みだ。

当時は第三次中東戦争でスエズ運河が通行出来ないために、ケープタウン経由で西アフリカ大陸をぐるーっと回り、地中海イタリアのナポリ港へ入港した。揚げ荷の3日間の間に、現地代理店の手配で2班に分かれてポンペイ遺跡へ行くことになった。

観光バスで移動の途中、ナポリ湾の浜辺を見ながら、白い壁に赤い屋根の建物はまさに絵葉書に見る街並みでオー・ソレ・ミオの世界。そしてポンペイの遺跡も教科書で見た廃墟の世界そのもので、火山灰に埋もれたままだ。港から見るベスビオス山も東洋のナポリと言われるが、ふるさと鹿児島の桜島の青い海、青い空の背景と似ているように思える。それでも身近に見える雄大な桜島が目前に迫る鹿児島湾の方がナポリより勝っていると思った。

バス観光を終えてナポリ市内に戻り、少し時間があったのでサンテルモ城に行き、美しい市街地とナポリ湾を一望に眺める。広場は観光客であふれかえっていて、日が暮れて町並みにライトが点灯しはじめると、湾に沿っての眺めは一層美しい。

1日の締めくくりにビールでも飲んで帰船しようと、操舵手の佐藤徹さんと「ピットイン」というショットバーに入りビールを注文したが、よく冷えたシャンペンがあるからどうだと勧められ、折角だからと注文した。

ボーイがシャンパンを入れた大きなボールをカウンターに置くと、すーっと若い女性が近づき「一緒に飲みましょう」と言う。色白美人でミラノの北ベルガモ出身、名前はエリザだと言っていた。気をよくして1本、2本と空けていき、その娘もマティーニとかで乾杯。乾杯でかなりの時間を過ごして酔いも回り、帰船時間になり、彼女の飲みぶんも含めてかなりの金額をぼったくられた。最後に彼女から頬っぺたにお別れのチューをされ、「また会いましょう」の一言でハイ終わり。タクシーに乗り込み、「あれ、店のグルやな」と愚痴もでる、ほろ苦い思い出だった。

◇9―2　チャーターラー（傭船）が変わる度、煙突を塗り替える

揚げ荷が終わり、空船で地中海からジブラルタル海峡を抜け大西洋に出た。会社からの入電で、次はアメリカ・スタンダードフルーツの傭船となり中米コスタリカのプエルト・リモンに向かう。凪の日、ステージボードを用意して煙突に登り、左舷側、右舷側からボートを吊り2人1組でペン缶を下げ、スライドしながら型ベニヤ板に沿ってシンボルマークのVマークに塗り替えた。

4700マイルの航程を約10日間で走破。着岸と同時に荷役を開始する。本船デリックでの昼夜積み込みで24時間で出港。追積のためホンジュラスのラセイバで5万箱を積み、米国ミシシッピ州ガルフポートで揚げ荷する。折り返しプエルト・リモンとガルフポート間を4航海し、エクアドルのガヤキール～ガルフポート～プエルトボリバー、プエルト・コルテスで積み荷し、ガルフポートで揚げ荷。引き続きプエルトリモン～ガルフポート間を2航海した後、プエル

ト・リモン、プエルト・コルテスで日本向けのバナナを積み東京港へ向かう。

久しぶりの日本への航海でパナマ運河を通過し、東京晴海ふ頭、神戸兵庫突堤で揚げ荷後、スタンダードフルーツ社はチャーターアウト、川崎重工神戸でドック入りして検査を受け船底塗料を塗り直した。再度サーレン社にチャーターされ、ドックの手で煙突マークをサーレンのSに変えアフリカに向かう。シンガポールで補油し、ソマリアのメルカ港とチシマイヨ港でバナナを積み、ケープタウン沖を回りイタリアのジェノバ港に入港。短い揚げ荷時間の当直の合間に上陸。徒歩でかつての海運都市の栄光を思い出させる建築が並ぶガルバルディ通りからコロンブス像を見て、旧銀行街通りを歩いて帰船。そしてナポリへ。僕は二度目のナポリだったので上陸はせず、初めての人たちに観光してもらい、僕は連続当直に入った。

最後の揚げ港、スペインのプラヤ・デ・ガンディアに寄港する。当直の合間に60㎞東のバレンシアのトレンドで闘牛をやっているということでバスに乗り、闘牛場に着いたが、すでに終わっていた。周辺には商店街も観光するようなところもなさそうなので、元のバス停からガンディアの本船に戻り、2時間ほど仮眠して真夜中0時からの夜荷役当直で揚げ荷が終わり出港。ベルギーのジーブルッへで乗用車を積むことになった。

当直の合間に港から3㎞南の街ブランケンベルへ。さらに南へバスに乗り、オーステンドのメルカトル船舶博物館の見学を同僚の福岡さんと行ってみたが、帆船時代の展示が主で早々に引き上げ、レオポルド公園を散策し帰船した。

グレーチングの補強をしたホールド内に中古のドイツ車を180台積んで大西洋を横断し、ニューヨーク港ブルックリンの岸壁で陸揚げした後にサーレンのチャーターが終わり、今度はアメリカン・スタンダード・フルーツ社（現ドール・フード）のチャーター契約となった。

バナナと言えば、同社とユナイテッド・フルーツ（チキータ・バナナ）の2大会社が世界を牛耳っていた。ファンネル塗装は上下が青色、その中間が白色で、Vのマークに再度塗り替えてプエルト・リモンに入港し、早速バナナの積み込を開始。約24時間で満船となりガルフポートに向け出港。1昼夜と20時間（44時間）でガルフポート港に到着。12時間足らずで揚げ荷を終了し、折り返しプエルト・リモンへと往復。バナナ船はどの港も最優先で、岸壁に着岸させてくれる。もし先に荷役中の船があっても直ちに離岸させ、バナナ船を着岸させてくれるので、こちらは沖での待機がない。

アントワープ港で乗用車の積み込み

リモンを出港して5日でまたリモン港に戻るという航海が6航海続いた。タイミング的にバナナが積み荷トン数に足りないときは、ホンジュラスのラセイバでの追積み込もあった。この間は積み荷も揚げ荷も全てフルーツ会社の専属の人夫が行い、我々は船の運航だけで、ピストン航海にしては楽な日々を過ごさせてもらった。

リモン港もラセイバ港も岸壁は1本だけしかなく、周辺には住宅もない。20分ほど歩くと住宅らしき家屋があり、雑貨屋さんが1軒しかないが、彼らは人なつこく最初は「チーノ、チーノ（中国人）」と呼びかけてきたので、ハポンだと言うと、今度は「セイコー、セイコー」と呼ぶ。時計の名前イコール日本人（ハポン）という程度の田舎町である。

半年ほど過ぎて久々にエクアドルのガヤキールでバナナ積みして、パナマのクリストバルで補油のため12時間の停泊。夜に久しぶりに上陸。夜の街をぶらぶらしながら土産屋さんやバーをのぞいてみると、音楽がガンガン鳴り響き、セレベッサ片手にラッパ飲みしながらバイラバイラ（ダンス）で陽気に飲んで踊っている。その連中と僕も合流して楽しいひと時をすごした。

3日の航海でガルフポート着後揚げ荷してチャーター契約が終了。

出港後本社からの入電でパナマに向かうよう指示があり、一路南へ向かいながら煙突をKのマークに塗り替える。まず比較的凪の日に煙突の左右と前後、すなわち左右には3mのステージボードに2名で、前後にはボースンチェアと50cm程のボードに煙突上部の手すりをくぐらせてボードの両端にスライドできるように結ぶ。次に煙突上部から赤色の本体色を塗り、Kの白マークを描きながらその都度ロープをスライドして仕上げていく作業で、これを4時間程で仕上げてしまう。

本来の煙突マークは赤色のベースとは別にKのマークは鉄板で造形されて、立体的に20cm程に浮き上がるよう鉄棒で溶接されているが、本船は建造当時から傭船を想定したのか、煙突本体に描くようになっていた。

途上、ブエノスアイレスでジャガイモとリンゴを積み、ブラジル、アマゾン川入口のベレン港での揚げ荷が決まり、船は南米大陸ブラジルの東の鼻ブランコ岬に向かう。そこからブエノスアイレスまではさらに10日の航海で、如何にも広大な南米大陸である。1年近く中米・カリブ海を航行してラテン音楽の日々を過ごしていたので、今度はタンゴが聞けるのを楽しみにウルグアイ・モンテビデオ沖を通過し、ブエノスアイレスへ。

当時の記憶で大阪八尾市在住の安東さんが語ってくれたのは、1969年、入港前に聞こえてきた現地の日本語放送で、石田あゆみの歌った「ブルーライト横浜」の曲が流れてきたら、それまで談笑していた皆が無口になってしまったそうだ。1年以上も家族と離れて航海を続けていて、遥か故郷への想いから日本を思い出し、つい黙り込んでしまったのだろう。

ラプラタ河を上流へ進み、港の手前の開門式ドックを通行し着岸。木箱に入ったジャガイモと香ばしいリンゴの積み荷を開始。当直の合間、タンゴのメッカで古い港町近くのラ・ボカまで、鮮やかな色合いの建物とレンガの通りを歩いて行く。そのカミニート（小路）には世界中からの観光客であふれていた。その中で1軒のタンゴクラブに入り、テーブルチャージを払って飲み物を頼み、1時間半ほどタンゴの曲と踊りを堪能した。何か切なくもの悲しいタンゴのリズムは中南米のリズムとは異なる。ヨーロッパ系移民が多いせいだろうか、そのリズムは遥か遠い故郷の音楽につながっているとか。

積み荷が終わり、一路また7日間、３２９３マイルを北に向かう。パラー州の州都で日系人も多く住んでいるアマゾンの街ベレンの港に着いた。茶色に濁ったアマゾン川の岸辺に桟橋が造られ本船1隻だけが係留し、その前後にアマゾン上流に行き来するボートを付けられる桟橋があるだけだった。揚げ荷の合間に街へ出ると言っても、港と街の境目がなく、すぐ出たところに市場があり、アマゾンフルーツや珍しいアマゾンフィッシュが売られていた。一直線に伸びた道路脇に屋台が並び活気あふれていて、おばちゃんにナッツを買わされて帰船。何か埃っぽいアマゾン河港のベレンだった。

折り返し南下し、チリー・バルパライソ向けジャガイモを積むことになり、再度ブエノスアイレスに入港。航海中のかたふり（談笑）にはマゼラン海峡を通ることが話題になり、これで世界中の海峡の制覇を胸をはって自慢できると、楽しみと興味でもちきりだった。二度目のブエノスアイレスでの積み荷は48時間で終わった。

補油補水のためウルグアイの首都モンテビデオに入港する。補水は陸上水道をパイプで繋ぎタンクに流し込むだけなので危険性はないが、補油に関しては、機関部は漏油がないように総員配置につき、パイプ回りや繋ぎ目さらにデッキ上の全スカッパー（排水穴）には木栓を打ち込み非常時にスタンバイする。そのため機関部に上陸の時間は取れないが、我々はカーペンターと助手1人を残して20時間程の短い停泊だが、僕と福岡君、安藤君の３人で街に出かけた。

街は港から丘を越した向うにあり、石畳の坂道を歩く。街の人たちは小柄で善良そうな感じで、人なつこく「ハポン、ハポン」と呼びかけてくれる。

僕たちは港の見える丘の上にあるドイツ戦艦アドミラル・グラーフ・シュペー号の博物館を見学する。第二次大戦中、沖合にてイギリス艦隊と交戦被弾して中立国ウルグアイ・モンテビデオ港に入港したが、72時間しか停泊が認められなかった。一方でイギリス艦隊がラプラタ川河口を封鎖しており、脱出が困難と判断したラングスドルフ艦長は港を出て自爆自沈した。

帰船して直ちに出港。進路を南に向けるとパイロットがほどなくシュペー号の沈没地点を教えてくれた。そこはアルゼンチンが引き揚げ作業をしようとしたが何らかの事情で中止となり、今でも海底に眠っているとのことだった。

手配していた海図が東京本社から送られてきた。マゼラン海峡通過のためにチャートルームで海峡の地理・歴史・海流・気象等、海峡入口から太平洋出口まで350マイル（500㎞）間の要所要所の勉強会を実施する。安達キャプテン以下、当直士官、操舵手、機関長等によりコース上の水深・航路幅・潮流等を季節要因も含めて入念に打ち合わせをして、いよいよ海峡入口プンタ・ダヘネス灯台に向かう。

ほぼ北半球ばかりの航海で、まさかまさか南米最北端の海峡を通るなどとは思ってもみない事が今から始まるのだ。全乗組員の誰もが経験したことのないマゼラン海峡通狭に気合を入れているのは間違いなかった。何故なら１９１４年、パナマ運河が開通して大型商船は利用しなくなっていたからだ。

このような機会に恵まれて船乗り冥利に尽きる。おそらく近年、商船でマゼラン海峡を航行するのはたぐい稀な事だと思う。世界一周を目指すヨットマンは危険な狭水道のマゼラン海峡を避け、ホーン岬を回るコースを選んでいるようだ。

◇9―3　マゼラン海峡を航行

モンテビデオ出港後、パイロット2名が乗船しているとはいえ、甲板部、機関部の緊張が全体に伝わりつつ、海峡通過を日中通過するようスピード調整し、早朝第1狭水道に入る。航路内は流速6~8ノットと流れが速く、舵を取られないように当舵をしながら慎重に舵を持つ。進む前方の航路幅は割合広く感じられ、むしろ瀬戸内海の来島海峡の方が潮の流れが速くて狭い航路筋だと感じながら操舵する。

後に瀬戸内海パイロットとして数十年過ごされた小林英明船長からは面白い話を聞いたことがある。「パイロットを目指し勉強して、各地の申し込みの中で、皆の嫌がる一番の難所・来島海峡のある内海パイロットにだけ空きがあった」と本当とも冗談ともつかぬ話だった。そこは経験を積んで幾度通っても身の細る思いだったそうだ。

僕も操舵手として何度か舵をもち実際に感じたことだが、日本三大海峡といわれる鳴門海峡、関門海峡、来島海峡の中で、播磨灘から島々が点在する来島は一番操舵が難しかった。世界のどこの海峡・河川・運河より狭くて複雑な潮の流れで難しい舵取りを体験し、紛れもなく一番の難所だと実感した。

マゼラン第2狭水道は航路が複雑で、浅瀬と暗礁が多いから注意するようにとパイロットからの指示がでる。VHF16CHで随時陸上の管制官と連絡を取り合って、本船のスピード、位置、出口通過予定時間などを報告していて、パイロットの緊張も伝わってくる。

マゼラン海峡を航行

第3狭水道は航路幅が狭くて潮の流れが変わりやすいため、この水道での事故が多く、難破し放置されている船も多いので、くれぐれも操舵に気をつけろと再度注意される。実際、右舷前方には万年雪に覆われた山の手前に茶色に錆びた大型船2隻がフォックスルを上に半沈没しているのが確認できた。そしてその海峡も4時間を2名の交代で手動操舵しながら午後7時頃に狭水道を抜け、北に向かって北上して夜半過ぎに太平洋上に無事出た。11月という南半球では夏場であるが無難に通過できたのだ。

そしてバルパライソでの揚げ荷が終わったところへ、なんと折り返しでアルゼンチンのマルデル・プラタ港で日本の遠洋マグロ漁船からの冷凍マグロを積み、日本の正月までに到着するようにとの指示が入り、またもやマゼラン海峡へと向かう。

数日前に航行したばかりの海峡を今度は大西洋に向かって航行し、ブエノスアイレスの南マルデル・プラタに入港。漁場から本船に向かって来る漁船を1日待つことになり、時間があったので上陸した。

街へは港からタクシーで20分位で着き、歩き始めてすぐに銃を下げた兵士に職務質問される。日本人で船員だと言うと、漁船かと聞かれ、商船だと言うと何しに来たと事細かく聞かれる。彼らは日本の商船が来ることが珍しいのか、これからどこに行くのかとか聞いてくるので、ステーキを食べたいと言ったら、ここを左にどうだこうだと結構細かく教えてくれた。この頃の僕はコスタリカ、ホンジュラスでの8か月間でスペイン語はかなり聞き話せるようになっていたので、気を付けて行けと解放された。

ところが次の通りに行くと、またパトロールの兵士に同じような質問をされ、やれやれと思いながらさらに次の通りに行くと、またまた兵士に会い質問されたのにはウンザリした。それと、この街の通りや場所にベンテシンコ・デ・マジヨ（5月25日の革命記念日）とか、ドセ・デ・オクトブレ（10月12日）という名前がつけられている。ブエノスアイレスもそうだが、プラザ・デ・マイヨ（5月革命広場）とかアベニダ・ヌエベ・デ・フリオ（7月9日通り）などやたらと何月、何日とかが多いが、我々からすれば何となく紛らわしい。

兵士に何度も呼び止められたことについて後で現地に住んでいる日本人に聞いたところ、頻繁にクーデターで政権が取って代わるので、それを抑え込むためのパトロールをしているそうだ。

レストランに入り、早速ステーキとセレベッサを頼む。そのステーキは聞きしに勝る大きさと厚みで、３cmほどの厚さと手の平の倍ぐらいの大きさの肉にポテトと目玉焼きが添えられているだけだが、柔らかくて美味しく、食べ終わるまでその味は変わらなかった。

◇9―4　冷凍まぐろの積み込み

早朝に漁船が2隻接舷してくる。それは土佐のマグロ漁船で、総トン数３７０㌧程、長さ45m、幅7～8m位で１２００馬力、乗組員20名。1年間日本に帰っていないという。フォークランド島の周辺が漁場だというが、よくぞこんな小型の漁船で日本の裏の裏までと同じ船乗りでも脱帽する。2番ハッチ、3番ハッチからのスタートで丸々としたミナミマグロが積み込まれる。彼らの昼食は後部甲板で刺身やマグロ丼、マグロの味噌汁鍋を囲んで食べる様子が本船から見え、それがすごく美味しそうに思える。

彼らは日本を離れて1年、日本の週刊誌や古いビデオを欲しがっている。そこで我々の読み終わった個人で買った週刊誌が図書室や甲板部、機関部、司厨部のストアに沢山捨てずに保管されているので（三国航路のため会社から定期的に送られてくるものと家族から送られてくるものもあった）、それ等を袋に入れ、彼らにロープで縛って降ろして渡す。醤油とか石鹸が欲しいという人もいれば、軍手とかも余分に持っている者はそれを譲ってあげる。お返しするものはマグロしかないからとマグロ2本をお礼に頂いた。

艙内はマイナス20℃にプレクーリングされていて、居住区の後部デッキにはブラインにアンモニアを投入するプールがある。これはアンモニアを一次媒体としてブライン液を二次媒体に用いる媒体方式で、このブライン冷却装置の管理は冷凍専任の機関士がいて温度管理を任されている。冷凍運搬船の重要な設備であり、機関部、甲板部が一体となってフォローするシステムになっている。

冷凍マグロの積み込みが終わり、久しぶりに日本への帰りの航海が始まった。本船が係船索を解き放ち岸壁を離れだすと、漁船から拡声器で北島三郎の演歌を流してくれ、全員で手を振って見送ってくれた。僕たちも精一杯手を振って応えた。遠い遠い地球の裏側で同邦同志の絆が生まれる瞬間だろう。

僅か2か月足らずのうちに三度目のマゼラン海峡を通ることになり、本船のこの航海は川崎汽船の歴史に残るのではないかと思い、さらには現代の商船史に記録される出来事ではないかと思う。難所ドーバ海峡、ジブラルタル海峡、マゼラン海峡などを制覇でき、船乗り冥利に尽きる。

13年後の1981年、社報「K Line News」4月号に記された当時の船長、安達彰さんの「思い出に残る船と航海」で、この本船でマゼラン海峡三度通航のことが忘れられないと語られている。さらに51年後、児島海員学校高等科1期生を卒業後に初めて甲板部員として乗船してきた大阪八尾市在住の安東正美さんと会う機会があり、彼のデビュー船だったので当時の航海の記憶をしっかりと語ってくれた。

海峡通過後、帰りの航海では、何度か食事に漁船から貰ったマグロの刺身が食べ放題で格別なものだった。バルパライソ港沖合で11月20日、パイロットが下船後、マグロが年末商戦に間に合うように一路日本に向かった。昭和44年12月22日、無事東京港に到着し揚げ荷。24日に神戸に入港し、翌25日、1年4か月13日もの長い乗船を終えて休暇下船した。

下船した翌年に本船のエピソードがある。昭和45年2月10日、ロスアンゼルス港からカイザーペレット5万3746トンを積み、和歌山港に向かって航行していた第一中央汽船6万2147トンの「かりふぉるにあ丸」が野島崎320km沖合の海域で巨大波を受け沈没した。ニュージーランドの「オーチアロア号」が22名救助、そして「えくあどる丸」が2名を救助したが、6名が行方不明となった。佳村博船長は最後まで船に残り、船と運命を共にされた。この海難事故の前年にもジャパンラインの「ボリバー丸」5万4千トンがペルーのサンニコラス港で5万3千トンの鉄鉱石を積み川崎港に向かっていて、同海域で大波を受け沈没。31名が死亡、2名が付近航行中の川崎汽船「健島丸」に救助された。

10　最初の合理化船

——ニューヨーク航路・西阿航路・貨物船「みししっぴ丸」

1万1978DWトン　9000馬力

昭和45年3月3日〜昭和46年1月7日

神戸にて乗船。西アフリカ航路に就航している本船は38年に川崎重工業のストックボートとして建造され、我が国の高自動化船と言われた船である。昭和36年には三井船舶の金華山丸が高自動化船の第一船として37名で運航されたがそれを上回る性能とされた。機関部では主機・補機運転がコントロールルームにて監視、運転可能にされた。甲板関係では荷役準備のハッチ開閉、荷役作業デリック取扱、係船作業の効率化と船首・船尾にテレビカメラが取り付けられ入出港時の作業確認・安全を船橋でモニターも可能となった。各タンクの電気式計測などの合理化がなされた船ということで、以前の40名を超える定員から大幅に減り、32名のクルーで運航された。

特にリフトウインチの採用によりデリックの上げ下げがハンドル操作で可能となり、荷役時間の短縮と安全が確保された。従来はカーゴワイヤーを一旦抜き取り、デリックポストのクリートに留められているリフトワイヤーストッパーで止めて、スナッチブロックを介しウインチドラムに巻き付ける。もう1人がコントロールレバーを操作しながらウインチを少し回し、それでワイヤーストッパーを取り外してデリックの上げ下げをし、所定の位置まで上げ下げした後、再度ワイヤーストッパーをかけなおし、ウインチのドラムからデリックポストのワイヤークリートに8の字型に留め、最後はセンニットで止める。この一連の作業が手間と時間と人手がかかるだけでなく、一連の作業でワイヤーに足を取られて足を切断するなど悲惨な事故もあり危険がともなった。

ニューヨーク港での本船

1万トンクラスの貨物船は通常おもて（居住区より船首方向）に3つ、とも（船尾方向）に3つのハッチがある。1番と6番ハッチには2本ずつデリックがあり、2・3・4・5番ハッチには4本ずつのデリックがついていて、合計20本のデリックが備えられている。

荷役が始まると、おもて1名、とも1名ずつ、甲板部は当直員を縦6時間ごとに交代してそれぞれのハッチの荷役当直をしていく。それと停泊当直として船の乗下船の監視や係船索の監視、船のバラストコントロールなどにもう1名と当直士官1名で陸側のステベ担当者と荷役の状況を常に見ながら揚げ積みとなる。

乗船1航海はニューヨーク・マンハッタンの雑貨岸壁で一部揚げ荷後、ニューワークにシフト。フィラデルフィア、バルチモア、ニューポートニューズで積み荷後、日本へ帰り、再度ニューヨーク航路を終わり、3航海目から西阿航路へ就航することになった。

◇10―1　3航海目から西阿航路

日本各港で雑貨、ブルドーザー、建設機械を積み込み、キールン、香港を経由してロビト（アンゴラ）、ルワンダ（アンゴラ）、マタディ（コンゴ民主共和国）、ポイントノワール（コンゴ共和国）、ドアラ（カメルーン）、ポートハコート（ナイジェリア）、ラゴス（ナイジェリア）、コトノ（ベナン）、ロメ（トーゴ）、アクラ（ガーナ）、アビジャン（コートジボアール）、モンロビア（リベリア）、フリータウン（シエラレオネ）、コナクリ（ギニア）と揚げ荷、積み荷で寄港していく。復航では補油・補水のためにケープタウン港に寄港、聞きなれない西アフリカの国名、地名ばかりだ。

ロビト、ルワンダと揚げ荷をして、次のコンゴのマタディは河口から上流80㎞の位置にあり、その途中には地獄の釜と言われる難所があることを仲間に教えてもらう。そこは川幅が狭く大きく曲がり、流れが渦巻いて舵が利きにくいのだそうだ。見ると両側は際立った崖で、茶色の水が波立ち湧き上がるように流れていた。舵が利かずとられて崖に衝突沈没した船があり、船乗りの間では有名な場所だった。

さらに上流へさかのぼると、川の堤防みたいに造られた１００m程の岸壁が見えてきた。倉庫もなく周りは何故か木が生えておらず、黒い土の丘しか見えない不思議な港だ。１９６０年にベルギーから独立して以来、内戦が続き、ザイール共和国になった国で、僕らにはコンゴの方がなじみ深い国名である。この上流には１９８３年に完成した７２２mの日本との友好の橋「マタディ橋」が架けられたのだ。

中部アフリカ大陸で2番目に大きな河川で、４３７０㎞の流れは川幅が狭いので速く、茶色い濁った水が流れて通常よりも係船索を２本増し取りして揚げ荷開始。その合間に周囲を歩いてみるが、人家も人影もなく不気味な感じのマタディであった。荷役は雑貨、車、二輪車などを揚げ、綿花、パーム油を積み込む。荷役が終わっても夜間航行できる設備が設置されていないので夜明けとともに出港。無事地獄の釜を通過し大西洋に出る。

ラゴス沖合に到着するも、ラゴス港に入港接岸するには10日間の沖待を余儀なくさせられる。というのも、１９５６年にポートハコートの近くのニジェール川で石油が噴出して、そのオイルマネーで世界中からあらゆる品物を買いあさり、それらを積んだ貨物船が殺到していたからだ。

岸壁が川沿いに造られていて港湾設備も脆弱なことから滞船が多くなり、ラゴス港、アパパ港も輸入ラッシュによりモーレツな船混みとなった。世界中から貨物船が集まり、港外には30

隻余りの船が着岸を待って待機している。日本からも台所用品、漁網、肥料、セメント、ロープ、鋼材等が満載されてきている。

夜になると沖に滞船中の船の明かりが東京の銀座並みと思われるぐらい明るいのだ。その後、滞船待機の船はどんどん膨れ上がって１００隻近くにもなり、後続して入港してきた社船も6か月近くまで沖待となった。食料が足らなくなり、後続してくる社船が先船のための食料を運んでくるという前代未聞のこととなって、沖合には入港待ち社船も「宗島丸」「ぼりびあ丸」の2隻がいた。後で聞いた話だが「宗島丸」では味噌・醤油が不足したためボートを出して「ぼりびあ丸」まで貰いに行ったそうだ。

乗組員はそんな沖待のときには仕事が終わると魚釣りをするのだが、真偽のほどは分からないが川の上流からいくつも死体が流れてきて、それを魚が食っているとか。川をトイレ代わりにしてウンコを垂れ流ししているから、ここは魚釣りやめておいた方が良いということで釣りも出来ない。

また先輩から「接岸したら、人夫の頭の髪の毛の縛り方と頬の切り傷のような印を見ておけよ」と言われた。それでナイジェリアに１００位ある部族が判別できるのだそうだ。20％位がイボ族、他にヨルバ族、ハフサ族が三大部族と言われていて、ポートハコートはイジョウ族が多いとか。

沖待の間には日本の家族からの手紙や会社から支給される週刊誌、本などを駐在員の品川公志さんが代理店のフォアマンと一緒にボートで届けてくれた。13年後、昭和59年に自動車専用船「ぱしふぃっくはいうぇい」に品川船長として乗船された折り、自分は機関部近代化船訓練生として乗り合わすことになった。我々にとっては家族からの便りがなんと言っても最大の喜びであり、何度も読み返し、航海中や入港して書いていた航空便を代理店に託して出してもらう。着岸してから土産品を買うために、品川駐在員に安心して買えるホテル内の土産店まで連れて行ってもらい、その時に買った木彫り置物が我が家の玄関に今でも鎮座している。

◇10―2　ラゴス港の簡易トイレ

接岸するまでに人夫用簡易トイレを船尾の舷の外側に準備する。箱型で周囲をキャンバスで囲って真ん中に穴が開いた板の床を張って排便すると、川に落下するように作られている。これはアフリカの最後の港まで使われる。

10日余りの沖待ちが終わり、先船の荷役が終わったので本船も接岸し、人夫が乗船してきて雑貨や鋼材のコイル、シート、鉄筋等、建築資材、製缶材料、セメント等の揚げ荷が始まる。彼らのために簡易トイレを作ってあるにもかかわらず、とんでもなく思いもかけないようなウンコ事件が発覚した。人夫達はフォックスルの人の通れるぐらい穴の開いた錨チェインパイプをトイレ代わりにして排便しているのだ。これはワッシュデッキ用の海水で放水して流し落とせば済んだが、もうひとつには困らされた。

各ハッチには、航海中にハッチ内の貨物点検用のエスケープといって、荷役用具や荷役用モーター等が設置されているマストロッカー内から人1人が通れるように垂直に船底までバーチカルラダーが取り付けられ、それぞれ艙内に入れるドアがある。そのエスケープ蓋を開け、開口部から真下に排便しているのだ。その手すりは一番上から数十ある手すりの下まで糞まみれで、糞害やるせない前代未聞の衝撃的な珍事件。うかつと言えばそれまでだが、彼らは落し穴を見つけてはそこで排便するというのを聞いていたのだが、ほどほど困った。

この処理方法について、「こうでも、ああでも」と話し合いがされた結果、先に高圧海水で噴射しある程度洗い流した後、完全防護服で蒸気で温めた水を洗濯場からホースで引き、ボースンチェアに乗りブラシを持って洗い落しながら、同時にビルジポンプで引きながら船外排出し、下段まで処理していくことになった。最後のビルジボックスフィルター掃除の時は甲板部全員やるせない気分で、何とも悲惨な糞害処理となった。

普段は荷役当直要員を置くだけだが、ここではそれとは別にドロボーワッチと言って貨物を盗む連中を監視する当直者を其々のハッチの中に配置しての荷役作業となる。黒い顔の人夫は作業用制服や作業靴、ヘルメットを着用しているわけではなく、普段着のままでの荷役なので、その中にドロボーが混ざっていても判別がつかない。幅20m、長さ11mもあるハッチ内での目の届かないところでは巧妙に抜荷される。特に夜荷役時などはカーゴランプの光の届く中はまだしも、暗い影の中では連中が闇に溶け込んでしまう。

人夫が盗むのか、ドロボーが混ざって盗むのか分からないままに貨物が破られ抜荷される。さらに乗組員の居住区にまで入り込んでくるので、全ての出入り口のドアを施錠し侵入しないようにしているのだが、何とか居住区内に入ろうと「エージェントだ」と言われても、何のエージェントか分からない連中もいる。

ラゴス港を出港して港外に出ると、沖待ちの貨物船は増えていた。やれやれということでコトノ、ロメに寄港してアビジャンに入港。その日の夜に変に騒がしくなり舷門から岸壁に降りてみると、警察ジープ車両が止まり警察官と乗組員3人が送られてきた。非番の機関部の人達で、他の船で以前も行ったことがあるホテルへ、ルーレットをしに出掛けたそうだ。帰船のためにホテルを出たら日本語が片言話せるタクシーの運転手がいたので、それならと安心して港に向かう途中、街灯もない暗い闇で2人連れの拳銃強盗にストップさせられ財布を巻き上げられたという。

強盗犯はそのタクシーに乗って逃走したが、運転手も強盗の仲間だという。日本語をしゃべれるのは、アビジャンを基地にしている日本の遠洋マグロ漁船に現地で雇われたことのある連中だそうだ。現場はホテルから港まで半分ぐらいのところで、仕方なく徒歩で海に向かっているところを運よく警察車両に遭い、連れてきてもらったそうだ。アメリカドル、日本円あわせて10万円相当を財布ごと持って行かれたそうだ。警察いわく、賭博場のあるホテルから出てくる外国人を狙う強盗団だそうだ。

フリータウン、コナクリに寄港した後、復航にルワンダ（アンゴラ）に寄って綿花を積む。非番の乗組員が太刀魚が釣れると言うので、塩辛のイカを餌に釣り糸を垂らすと、大阪湾で獲れる太刀魚の2倍もあろうかという1m前後の身の厚いのが釣れる。見ていると太刀魚は海底から海面で呼吸するためなのか、浮き上がって来るように見える。釣った太刀魚は塩焼きやバター焼きにして夜食のおかずとなり、余分なのは塩をふり冷蔵庫に保存し、暫くは夜食の友となった。

補油・補水や食料仕入れのためケープタウンに寄港する。ここは世界の海を航行する商船、漁船、艦船などの補給基地で、この喜望峰がインド洋と大西洋の分岐点である。ケープタウンは特に遠洋漁業のマグロ漁船の基地にもなっていて、日本漁船、台湾漁船が補給のため多数停泊している。

補油は機関部の二等機関士を責任者として機関部員が全員でデッキのスカッパーにウェスを巻いた木栓を打ち込み、船外への油流出防止対策をして給油中の万全を期す。補水は甲板部ではカーペンター（大工）の担当で、陸上の水道管からホースをつなぐと後は清水タンクの計測をしながら所定のトン数を補水し、港湾の担当者の補水証明にサインして終わる。

その間に街に上陸してみるが、時間が少ないのでテーブルマウンテンの頂上に行けず、土産屋で名物のダチョウの卵を2個買って船に戻る。生卵は1個で25人分位の卵焼きができるそうで、その重さは1・5kg程あるが、お土産に買う卵は殻をくり抜いて中身を出してある。それに絵を描いてある物や、真っ白い殻だけの物があるが、僕は何も描いてない卵だけのほうを2個買った。

マラッカ海峡からバシー海峡を抜け、洋上で正月を済ませて大阪に入港。昭和46年1月7日、休暇下船した。

11　たぐい稀な体験の数々

――西オーストラリア航路・貨物船「すえーでん丸」

1万0804DWトン　燃費32・20トン／日　1万馬力
昭和46年2月19日～昭和47年8月23日

西豪州航路の本船に大阪で乗船し、遠藤三郎キャプテンに挨拶。昭和39年にニューヨーク航路当時、一等航海士だった常島丸で乗り合わせて以来7年ぶりである。雑貨を積みフリマントル港へ入港。スワン河の入口にできた岸壁は左岸側は貨物船バース、右岸側の岸壁は市の中心部に近いため客船岸壁に使用されている。

満載の貨物の陸揚げには4、5日の日数がかかるので、当直時間以外はフリマントルの市内観光やパース観光を計画して早速電車に乗り、19kmを20分かけて周囲の風景を楽しみながらパースに出掛ける。スビアコの町並みを見て、レイクモンガまで歩いて黒鳥を見に行くが、群れを成しているのかと思いきや意外と少ない数の黒鳥しか泳いでいなかった。

フリマントルに戻り、20時～24時の当直に入る。南半球の夏の海辺のインド洋の風が心地よいのと、ステベの荷役はアフリカや中南米と異なり抜荷の心配もなく、フォアマンも親日的なので気を張らずに当直が出来る。

白物家電、タイヤ、オートパーツ、ガラス、タイル、ワイヤーコイル、肥料、漁網、ミシン、台所用品、堺の自転車部品、岸和田貝塚のマニラロープ、ワイヤーロープ、生地、発電機などの揚げ荷をする。

上陸した仲間はドッグレースをしに行ったらしく、話を聞くと日本の競馬場のようにきれいに整備されていて、レース場枠の周りにはテーブル椅子が置かれて軽食も出来るようになっているそうだ。ワイヤーで繋がれたダミーのウサギがレース場をぐるっーと一回りしてきたところで競走犬のグレイハンドが離され、1周半したところで順位が決まるレースで、そのスピードは時速60㎞にもなるという。

冷凍マトンの積み込み

日曜・祭日は荷役がなく、非番の者同士が近くの空き地で野球試合をしたり、他に社船や日本船が接岸しているときには呼びかけて試合もした。オーストラリアでは野球になじみがないらしく、珍しそうに子供たちや家族連れが集まってきた。釣り好きは岸壁の端がインド洋に面しているので釣りを楽しんだりしてひと時の安らぎの港だ。

荷役は揚げ荷と並行して冷凍艙に羊の冷凍肉、水産物を積み、その他一部には羊毛や綿花を積み込む。揚げ荷を終えたハッチは帰りのベースカーゴのジルコンサンドをバンバリーで積む準備のため、ホールド内のダンネージやネット、ラッシングワイヤー類をオンデッキに揚げ、キャンバスを被せて準備をする。

　中甲板は油圧によるフラッシュタイプのハッチで従来にはないくらい作業効率が良いのと、アフターブリッジ型でハッチの荷役が監視できる利便性が良い。ハッチボードを一枚一枚手作業でどかして荷役口を開閉していた数年前の貨物船とは比較にならないほど改善改良され、乗組員の負担が軽減された。

　フリマントルでの揚げ荷が終わり、積み荷のためバンバリー港へ入港する。外洋に面しうねりと風が直接入ることから係船索も増し取りする。大型船対応のコンベアベルトが設置された1本の桟橋が突き出ているだけで、積み込は7千トンのジルコンサンドを8時間足らずでどっとロータから落とし込んで積み込終了となる。ジルコンサンドはセラミック、耐火煉瓦材料に不可欠なケイ酸塩鉱物といわれ、茶色の砂である。積み込時の風やコンベアからの漏れた砂でデッキが汚れた後を、出港してすぐに船全体を海水で洗い流し、デッキやハウス周りは清水で流して清掃し、次のアルバニーへ向かう。

　ルーイン岬を通過すると小高い丘が続き、その裾野にできた1本しかない岸壁に接岸する。綿花と羊毛の積みである。

◇11―1　アルバニーのノーマン・ビルさん、すがこさん

そのステベにノーマンさんという2mもある背の高いデッキマンいて、明日の祭日に家に遊びに来ないかと誘われた。奥さんが日本人で戦後広島に駐留したとき知り合って結婚したとのことで、翌日車で迎えに来てくれた。郊外のヒルマン・ストリートという住宅地にある平屋一戸建ての家で、庭には原色の花々が植えられて、窓部には花鉢を置くように作られていた。この街ではその窓辺の飾りや花のコンテストがあり、優勝したことがあると話してくれた。何となく日本人の感性で飾られた花々には納得した。

奥さんは「すがこ」さんと言って日本語もしっかりと話されてはいたが、容姿はエキゾチックな顔立ちで、日本語をしゃべらなければオーストラリア人と見間違うようなきれいな人だった。長女ウェンディ、二女ステイシー、長男ライアンと3人の子供たちがいて、その日は海辺のバーベキューと海水浴に連れて行ってくれた。帰路、ウサギの狩猟に次回行かないかと誘われたが、ウサギと言えば小学校の頃に校庭で飼っていて、餌やりしていたときのイメージでは到底無理なことなので断った。

日本の商船は滅多に入港してこなくて、時折漁船が補給のため入港してくるそうだ。次の航海がアルバニーに寄港するかは積み荷次第であることを伝えて出港し、再度フリマントル港に向かう。後日談だがノーマンさん夫妻は僕が大阪支店陸上勤務の時に来日され、2週間我が家にホームステイされた。

フリマントルに入港すると、接岸中の社船「べるぎー丸」が揚げ荷していた。日曜日にかかり荷役がないので、早速メンバーを募り近くの野原で両船の野球対抗戦をすることになった。陸上の空気を吸って、走って、ボールを追って楽しいひと時を過ごした。次の航海も接岸中の「がてまら丸」と会えて非番の者同士で野球試合をする機会があった。

◇11—2　羊2千頭、ヤギ50頭をデッキに積んで

シンガポール・ジュロンに向け、羊とヤギを積み込むことになった。貨物船に通常生き物を積むことは稀だが、今回は羊2千頭とヤギ50頭だという。船乗りとして稀なことを経験することになった。オーストラリア人飼育係3名、スーパーバイザー1名と甲板上の枠組みから積み込み、航海上の飼育管理方法や万が一に死亡した場合の処理方

フリマントル港で野球対抗戦

法を指導してもらう。

　デッキ上には、1番デッキから後部5番ハッチデッキまでに小区画の移住区を予め図面上で計画されたとおりに持ち込んできた組み立て式の柵を設置し、飼料置き場、水飲み場を手際よく設置していく。後は岸壁の羊専用トラックから羊が上ってくるギャングウェイならぬシープウェイをブルーワークに仮設して、翌日の羊搬入のトラックを待つばかりとなる。

　トラックが船側に着くと扉を開け、先頭の羊を誘導して船上に上らせて来ると、残りは羊の習性で後を追って次々と船内に上ってくる。始めは1番ハッチデッキの枠内に入れ込んで20０頭で扉を閉め、次は2番ハッチデッキへ誘導して次々と柵の中に収納していくが、その手際は流石である。3番ハッチまで来たところで4番ハッチのマストハウス下にヤギ50頭を収納し終えると、残りは4番・5番ハッチへ次々と柵の中に誘導していく。僅か4時間足らずで作業は終わった。

　彼らの素直な行動とかわいい顔を見ていると、何か可哀想で仕方ない。何故ならジュロンの港に着き陸揚げされた羊たちはそのまま屠殺場に運ばれて食肉にされ、イスラム教の多いマレーシアなどに供給されるそうだ。

　5日程の航海であるが、我々の日課は甲板上を羊で埋め尽くされているため甲板作業が出来ないので、ハウス周りの点検整備を重点にしながら午前と午後、柵内の羊たちの様子を見回りする。航海中に死亡する羊は積み込時の頭数から引き、ジュロン港に到着時の引き渡し頭数を

神戸港の本船

報告するが、その場合、死亡頭数のその耳を切り取り証拠として残すのだそうだ。添乗してきている飼育係達は朝昼晩に餌やりと水の取り換え、そして糞の掃除を手際よくこなしている。

出港して3日後に1頭が亡くなっているのが見つかり、彼らは手順通りに耳を切断し後は水葬とする。水葬については、人の水葬は久島丸に乗船中にドクターがお亡くなり太平洋上で水葬したが、このような動物の水葬も初めてで最後のことだと思う。ただ水葬と言っても、耳を切り落とされた羊は海に投げ込まれただけである。

オーストラリアから中東イスラム諸国に食用として羊を運ぶ船には、８万頭を運ぶ7万トンのタンカーを改造した専用船があり、数階建てマンションのようにデッキが作られていると聞いた。一度だけアデン海でその専用船を見た。その後ヨーロッパ航路のコンテナ船に乗船している時に並走しながら見たことがあるが、まさにマンションを横倒しした船が航海しているように見えた。

ジュロン港に入港し、早速に岸壁と本船の間には羊用の橋がかけられる。フリマントルとは逆に先頭の羊を引導して下船を始めると、次々と後を追いかけて陸上側の施設の中へ消えていく。3時間足らずで全頭が降りてしまい、後は簡易柵を取っ払い陸揚げして半日で出港。四日市に向かう。
四日市に入港。荷役も終わり、名古屋港に向かうため補機の立ち上げや主機の準備をする。甲板部は操舵装置の電気、油圧モーターをスタートさせ、ブリッジではそれらの作動確認や航海計器を準備していく。一方で荷役関係の後じまいをして出港となる。四日市港と名古屋港とは目と鼻の先で数マイルの距離。1時間そこそこで名古屋港に到着するのでスタンバイ配置のまま入港し、休む間もなく荷役開始。揚げ荷が終わると同時に神戸港に向かった。

◇11―3　交換留学生を乗せて

この後の航海で、日豪交換留学生の神戸の女子高校生2名がフリマントル港まで乗船した。そこから420㎞北に位置するジェラルトン市を訪問し、1か月間ホームステイすることになっていた。北太平洋の航海と異なり南へ一直線の航海は台風さえなければ非常に穏やかな海で、夜は満天の星を眺めながら星座の位置や天測について興味を持って毎晩ブリッジに来ていた。

日本から3、4日も航海するとイルカの伴走も見られ、海の彼方から上る太陽、沈む太陽に万感の思いでブリッジのウィングに出て潮風に吹かれながら見とれていたようだ。「赤道を通過する時には赤い線が見えるから注意して見といて」と言われて、真顔で「本当ですか？」と彼女たちは半信半疑だったそうだ。女性らしく何時も賄に行き、コックさんの調理の手伝いをしていた。

セレベス海からマカッサル海峡へ、そしてバリ島とロンボク島の海峡を抜けると、もうオーストラリア大陸は目前である。服部元三社長が日豪協会の名誉会長を務めていることで神戸ライオンズクラブからの依頼があり、それでは川崎汽船の船でということで実現したという。後日、ジェラルトンからもフリマントル経由の丁抹丸（でんまーく丸）で神戸に2名の留学生、アイリーン・バックリさん（17歳）とケリー・フォックスさん（17歳）が来日した。以来、数十年間交流が続いているそうだ。

この航海もポートヘッドランド、フリマントル、バンバリーを経由してアルバニーへ寄港し、再びノーマン・すがこさん一家にお世話になった。

◇11—4　気楽な密航者

次の航海で、横浜を出港してフリマントルへ向かって航行中の3日目の午前10時ごろ、船橋に三等航海士と操舵手が当直していると、そこに「ハイ！　グッドモーニング」と普通に挨拶しながら若い白人男性がブリッジウィングデッキの入口から入って来た。20歳位の青年は普通で悪びれた様子もなく、一瞬何が起きたのか事態が把握できなかった。

「君は誰だ?」と問いかける間に船長に報告。オーストラリア人で「オーストラリアに帰るので乗っけてくれ」と話し、「腹が減ったので何か食べさせてほしい」とも言う。身分証明書とパスポートは所持していて、日本滞在中に所持金を使い果たし、日本の彼女に船で帰るからといって横浜港に連れてきてもらい、大桟橋に接岸していた本船の行く先を荷役労働者に訊ねたところオーストラリアに行くと聞いて、出港前の荷役中の本船にそのまま乗り込み、ボートデッキの救命用具ストアに入り込んで隠れていたそうだ。

外国航路の船は通常、東南アジア、インド、パキスタンやアフリカ諸国の港を出港前には密航者のチェック、見回りを各ストアとかハッチ周り、乗組員居住区などでするが、日本からの出港では、日本人が密航するなんて考えられないので厳重なチェックはされていなかった。

彼は船で働きながらそのバイト料を船賃にして返せば良いぐらいの気持ちで忍び込んだと言う。1日に32トンも油を焚いて航海する船が、たった1人の密航者のために引き返すわけにもいかず、幸い身分がしっかりしているうえ、本社が大使館と交渉してオーストラリアのイミグレーションも受け入れるということになり、そのまま一路フリマントル港に向かうことになった。

実に悪びれた様子もなく、乗組員と同じ食事を三度三度食べて昼間の甲板部の塗装作業やさび落とし作業を手伝ってくれた。彼なりに船賃の足しにでもと思っていたのか毎日仕事に出てきて、作業が終わるとシャワーを浴び、冷えたビールをご馳走されて、実に屈託のない日々を送りながらフリマントル港に到着し、入管の職員と下船していった。

柄の悪い国の船では密航者を見つけたら面倒を回避するため海に投げ込む手荒い処理をする

とも言われているから、彼ジェイソン君にとってはまさに良い国籍の船を選んだということだろう。こうして今までに体験したことのない航海がさらに続く。

◇11―5　ウィークエンド・パース新聞トップニュース

まさか新聞に掲載されているとは微塵にも思わない出来事だった。1月15日の土曜日版「ウィークエンド　ニュース　パース」のトップページに写真3枚で掲載された。

沖合に流された男性がサーフボーダーに助けられ、彼のボードの上に乗っている写真が1枚、そしてビーチインスペクターのエリック・ホフマスタの大型ボードに救助され陸に戻ってくる写真が2枚目、そして「救助　陸地へ同僚に引き渡される」と説明のついた3枚の写真には、その男性が僕と他の一人に抱えられて無事海岸に戻った写真が出ていた。本文には15名の日本船員と記載されていたが、それは誤りで6名だったが。

乗船2航海目のフリマントルの港から近くにアワビが簡単に獲れるビーチがあるということで、海水着とシュノーケルとスクレッパーを用意して6名でタクシー2台に乗り、ウェストコーストハイウェイを18㎞北に向かいシティービーチから1㎞程のスカボロービーチに到着した。夏場のシーズンにもかかわらずシティービーチでも泳いでいる人達は少数しか見かけられなかったが、スカボロービーチでも泳いでいる人はほとんどいなくて、広い砂場には数人がボール遊びやサンバーニングをしているだけだった。

浜辺の砂場からはほどなく岩場になっていて、干潮時のため水深1mとなっているところを潜り、岩の横面や裏面に張り付いてるアワビにスクレッパを差し、ぐいとはがし取りベルトに取り付けた袋に入れる。こんな目の前の岩場にごろごろとあるのは、現地には貝類を食べる習慣がないため誰も獲らないそうで、貝類はごく一部のイタリア系の人たちが食するくらいだそうだ。

熱中しているうちに潮はぐんぐん引き、岩場の端にいた事務長が岩場の岸に沿って流れる海流に流され始めた。岸に向かって泳いでも泳いでも潮の流れには勝てず、沖合北に向かい流されてしまう。我々も救助を求めるため陸側に移動し始めた時に、2人のサーフボードを持った人が流されている事務長のところへ向かい、彼をボードに乗せてくれた。そこにビーチ監視員のエリックさんが大型のボードで救助に来てくれて、陸側の我々の待つ安全な浅瀬まで運んでくれた。救助してくれたサーファーやビーチインスペクターは「潮の流れ

1972.1.15 Perth

Sydney rain causes death, havoc

A SEAMAN AT SEA

STUCK AT SEA . . . but surfboard riders keep Yuzo company.

RESCUED . . . on the beach inspector's board.

'SHOWING OFF' COSTS YOUNG MAN $60

METROPOLITAN BUSINESS COLLEGE
PERTH FREMANTLE
TWO SMART GIRLS

Drunk driver hits tree.

THIS WAS NO

事故救助の新聞記事

に気をつけて」とそれだけ言うと、何事もなかったように去ってしまった。

ところが翌日、荷役会社の監督が持ってきた新聞にドカーンとそのサーフボードに救助されるまでの写真が一面トップに飾られていて、驚きやら慌てふためくやら。紙面のタイトルが「アワビ取りに来ていた日本船員が沖合で救助された」という内容で、そこには自分が駆け寄っている写真が大きく写っている。それにしてもこの写真を撮影したカメラマンはこの事故を予期していたのだろうか？　謎に包まれる。これは記念にと今でも黄色く変質した新聞を見るたびに当時が思い出される。

◇11―6　3か月（91日間）に及ぶ海運史上最長の海員組合ストライキ

昭和47年の4月、全日本海員組合と船主協会との労働条件、賃上げなどの交渉が物別れとなりストライキに突入となった。入港した本船はそのまま横浜港沖合にアンカーを入れて交渉妥結まで停船。ストライキ突入から妥結まで実に91日間を横浜港の船上で過ごすことになる。こうして日本の貿易の大動脈がストップすることになった。

昭和47年4月14日12時にストライキに突入。揚げ荷や積み荷のために続々と入港してくる日本船の数は横浜港だけでも126隻、神戸港81隻。全国でストライキを実施した港は57を数え、昭和47年7月13日8時のストライキ解除までに736隻の外国航路の商船が日本の港でストライキに突入したのだ（引用：全日本海員組合活動資料「海上労働70年の歩み」）。

2日に1回ずつ午前9時に通船があり上陸は可能であったが、一度上陸すると2日後にしか船に戻れず、深夜映画や朝まで営業していた酒場、山下公園で一夜を明かし本船に帰る者もいた。近くに家がある人達は家に帰れたが、ストライキがいつ何時解決するか分からないので帰っても気持ちが落ち着かなかったという。ただ交渉が決裂しても次回の団交は何時開かれるという情報などである程度予測ができた。

乗組員にとってストで仕事ができないので、テレビを見るか読書して過ごすばかりの日々の生活はかなりのストレスとなる。しかし船体保持作業や生活維持の作業は続けなければならず、ブリッジでは船位のチェックや船底のビルジや飲料水、雑用水のチェック、機関部では船内の電源のために発電機が24時間動いているわけで、補機のメンテや油の計測も日常欠かせないし、また司厨部は乗組員の三度三度の食事を作るなど作業がある。

ストライキに突入する船が増え長期化するにしたがって、各船の食料や水、燃料油が乏しくなり、船食屋のボートや油や水の補給船が足りなくなったという。実際に本船でも生鮮食品など野菜や果物が何度か補給された。

7月13日、労使交渉が妥結。実に91日という海上でのストライキが妥結し、揚げ荷後、神戸川崎重工ドックにて船底のカキや付着物を取り除き、積み荷が終わり交代要員も確保された。数々の思い出を残して、横浜にて昭和47年8月23日、1年6か月ぶりに休暇下船した。

12　香港の港で

――西アフリカ航路・貨物船「大島丸」

1万2033DWトン　燃費41・5トン／日　1万2千馬力
昭和47年11月30日～昭和48年4月25日

西アフリカ航路に就航中の本船には二度目の乗船。瀬尾キャプテンとは「みししっぴ丸」以来二度目の乗り合わせある。西アフリカ航路で当時、黄熱病、コレラや風土病が蔓延しているということで予防注射をして乗船、さらに本田ドクターも乗船されていた。雑貨を積み、台湾そして香港に入港した。

◇12―1　無残なクイーンエリザベス号

1940年に建造された大西洋の豪華客船も1968年引退後、一時フロリダのエヴァグレースの港で会議場として使われていた。その後1972年に香港に回航されてきて洋上大学として改装予定だったが火災を起こし沈没。船体半分が海底に沈み、残り半分は海面から焼けて真っ赤に錆びた船体が突き出て残っていた。かつての海の女王の姿としては無残な姿だった。

繊維製品、時計、玩具、靴、電化製品等の積荷が終わり、ビクトリアの岸壁を離れ、舵をシン

焼け落ちたクイーンエリザベス号

ガポールに向け取りながらその姿を見て、横を通るとき何とも言えない彼女の末路を見てしまった。大英帝国大西洋のフラッグシップの最後の姿が悲しい思いだった。2年余りビクトリアハーバーに放置され、その後2年がかりで解体された。

シンガポールを経由し、アフリカ西岸の港ロビト、ルワンダ、マタジ、ポートハコート、ラゴス、アパパ、テマ、モンロビア、フリータウン等に寄港。揚げ荷が終わり船倉内の角材やダンネージの片付け作業中、スリングを掛けデッキに巻き上げ時、ダンネージの2㎝程の破片が右腕に沿って刺さる。同僚の中山君がピンセットで抜こうと何度か試したが抜けず、ドクターに診察してもらい破片に沿ってメスを入れ開いて取り出すことになった。なんせ高齢で目も弱っている様子の先生は、先に黒のマジックペンで破片に沿って線を引き麻酔なしでそこにメスを入れたのだが、肝心の破片からずれてメスが入り、中の白い脂肪がむき出て、それを見たら気分が悪くなった。ドクターはお構いなしにメスを入れ直し無理やりほじくり取り出したので、卒倒しそうになった。

ダカールでベースカーゴにリン鉱石をばら積みする。岸壁周辺は砂漠の白い砂しか見えず、

1本の200mほどの岸壁があるのみで、倉庫、上屋はない。トラックでばら積みしてきたリン鉱石をモッコで本船デリックを使って積み込み、それを機械を使わず何千屯もの貨物を人夫がスコップでならしていくという凄い人海作業であった。

岸壁の本船に何処からともなく現れた土産屋の男たちがタラップ周辺に手作りの木製の面や、象やキリンの彫り物を売りに来て、それを土産に買っていた。僕も木彫りの面や土着の黒人像などを土産に購入した。

復航ではアビジャン、テマ、ポイントノイレ、ロビトで積み荷してケープタウンで補油。インド洋からマラッカ海峡を航走し、バシー海峡を抜け日本に向かった。入港前、甲板作業中にぎっくり腰になってしまい、ドクターの診断の結果、昭和48年4月25日、5か月間の乗船を経て、急遽神戸港で傷病下船となった。

コンゴ川をマタディに向かう本船

13　フロータ・オセアニアに傭船

――ブラジル航路・重量物貨物船「じぶらるたる丸」

1万2199DWトン　燃費24・20トン／日　7200馬力
昭和48年7月6日〜昭和49年4月6日

2か月余りの治療を終えて千葉港川崎製鉄の専用バースで乗船する。フロータ・オセアニアにチャーターされ、西回りブラジル航路に就航していた本船の貨物は、この頃から発展途上国のブラジルへの輸出品目として消費材から経済の発展にともない鋼材、ホイールローダー、工作機械、小型船・プラント類が増してきた。実態に即応するため、従来船が装備していた20〜30トンデリックをしのぐ本格的重量物運搬船として建造されたのが本船であった。

ステルケン型120トンデリックを装備し、船倉の長さ27mと幅・高さを十分に取って、長尺物、重量物を船体中央部に積載できるように設計されたアフターブリッジ、3ハッチの本船がブラジル行きという期待を抱いての乗船だった。

7月8日、揚げ荷が終わり出港。7月10日、瀬戸内海の三ッ小島沖に到着し、ベースカーゴの岩塩を艀に揚げ荷。7月14日、徳山港へ向け出港。7月15日、徳山ソーダの岸壁に着岸し揚げ荷。7月17日、千葉県君津向け出港。7月19日、新日鉄君津工場製品岸壁に着岸して自動車用鋼板、その他鋼材を積み込み7月21日出港。横浜山下7号岸壁に着岸して雑貨、車両、フォークリフトなどを積み込み7月25日出港。7月26日、神戸港和田岬錨泊後、7月28日、神戸5突に接岸しホールド内に雑貨を積み込んだ後、オンデッキの重量物を積載。

◇13―1　新方式の重量物荷役

神戸では船型が長船首楼平甲板でハッチの長さ27m、船幅20・5mの3番ハッチデッキ上に本船120トンスタルケン式デリックで積み込みが行われた。桁下25mのガントリークレーン（門型クレーン）で、それは両舷ブルーワークから2・5mも海にはみ出すという巨大な構造物で、港でのコンテナーを積み下ろしするクレーンだ。

続いて2番ハッチデッキにタグボートを積むためカーゴデリックを2番ハッチ側にスパンガイを巻き上げ、カーゴデリックを垂直近くまで巻き上げ、カーゴワイヤーを2番ハッチ側に留め、巻き込むと外側に開いているデリックポストを頂点に3番ハッチ側から2番ハッチ側へカーゴデリックは重心が移り回り込む。2番ハッチ上には海側の船側には台船からタグボート

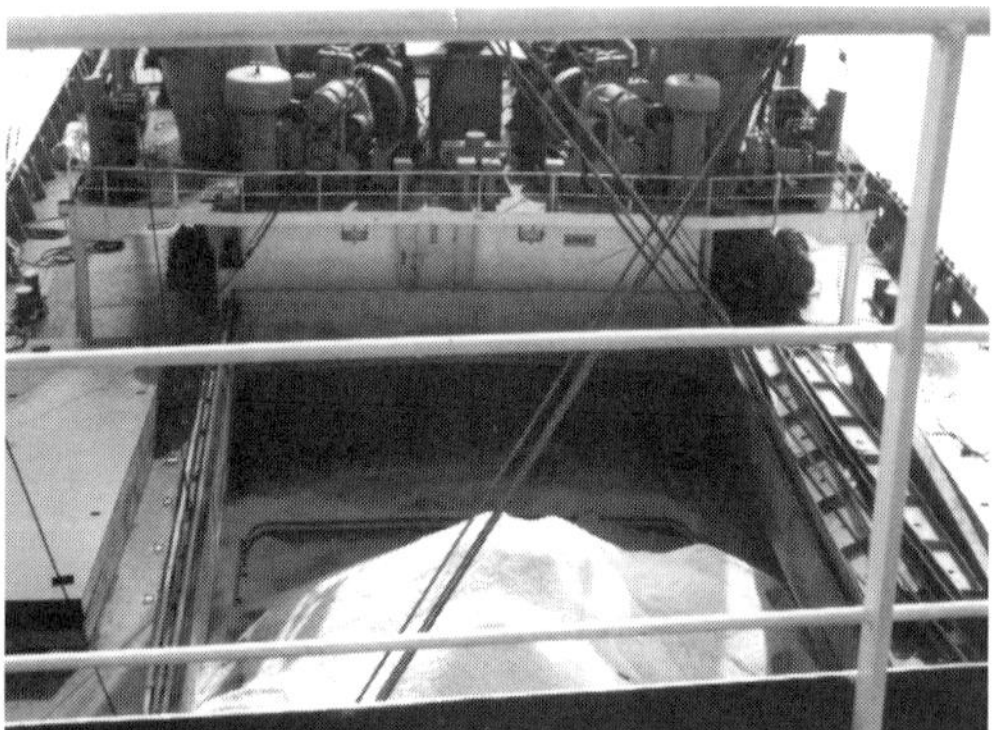
岩塩を積んで徳山港へ

（曳船）を積み込む。船の上に小型船を積むという風景だ。二重三重にもラッシング（固縛）する。船倉内やオンデッキのラッシング作業は手際よく荷役会社の作業員で全て終え、8月2日、ダーバンに向けて出港する。

8月6日、フィリッピン沖通過。8月11日、インドネシア、バリ島とロンボク島の間のロンボク海峡を通過。8月24日、補油のためダーバン着、翌25日出港。8月27日、ケープタウン沖通過。8月29日、子午線（0度）通過。無事オンデッキの重量物貨物とともに神戸出港以来36日の航海で、9月8日、ブラジル南部のウルグアイに近いリオグランデに到着した。

揚げ荷は、安全と機器の操作に熟練した我々甲板部の作業で行う本船荷役で行われ、ほぼ1日で終了。9月11日、サントスの南パラナグア港に到着し、2番オンデッキのタグボートやホールド内の発電機、フォークリフトなどの揚げ荷後、9月14日に出港し9月15日、リオデジャネイロ入港。ポン・デ・アスカルの丘を左舷に見て岬を回り、ガンボア地区の在来船バースに着岸。代理店との打ち合わせでは9月22日出港予定となった。

倉庫の滞貨とのことで着岸して2日間は荷役がなかったので、山下文雄君と山田重男君と市内見物に出掛ける。倉庫街を抜けるとロドリゲスアウベス通りで、そこには土産屋や飲食店街があった。1年前の1972年に日本から海上自衛隊艦船「かとり」と「もちづき」が遠洋航海でリオ、サントスに寄港して、街の中心地で軍楽隊パレードを行い、隊列を組んでの行進は大歓迎を受けたという。練習生200人、乗組員500人の総勢700人が来るのだから半端ではない人数だ。それで土産屋ではブラジル土産が飛ぶように売れて、その中でも羽の色が青色の蝶のアエガモルファ（aega morpha）の羽を組み合わせてコラージュ（貼り絵）のようにした蝶画とか飾りが人気で在庫がなくなったという。

2～3軒の土産屋を回ってからタクシーを拾い、ボタフォゴのヨットハーバーをぐるりと回り、ポン・デ・アスカルの展望台にケーブルカーで頂上まで上った。そこからは対岸のニッテロイの海岸もコパカバーナ、レブロンのビーチも市内も一望でき、遠くにコルコバードの像も見える。リオに来て眺める絶景に感動した。

◇13―2　リオデジャネイロのマリア・ダス・グラサス・リマさん

皿絵を1枚買ってさらに別の土産屋でアエガモルファ蝶画を土産にと3枚買うと、その店員さんが追いかけてきて、「買ってくれて有難う」と喜んでくれた。「何時までリオにいるのですか」と聞くので「1週間位います」と答えると、「明日は私は仕事が休みだからリオの街を案内します」と言ってくれた。好意に甘えてコルコバードに連れて行ってほしいとお願いしたら快く引き受けてくれた。名前はマリア・ダス・グラサス・リマさんと言い、長すぎる名前でどれで名前を呼んで良いのか分からず、「マリアさんで良いですか」と聞くと、「ブラジルではほぼ女性は名前にマリアがつく」と言われたので、リマさんと呼ぶことにした。そして住所をメモ書きしてくれた。明日の正午に店の前で会うことにして帰船する。

翌日16日は3番ハッチオンデッキに積んでいるガントリクレーンのラッシング解放と片付けをするが、なにせ船外まではみ出すほどの長大貨物と重量なので使われているワイヤー、角材等はかなりの量だ。さらにデッキやハッチの上やブルーワーク等には多数のシャックル留め用の増設アイボルトを溶接してあるために、ガスで切断してグラインダーをかけ、錆止め塗装をして元の状態にし、重量物荷役用具の準備を行う。

約束の時間に操舵手の平井さんとリマさんの土産屋「Sete de Mares」（七つの海）の前に向かうと手を振って待っていてくれ、そのままタクシーでコルコバードに向かう。途中、コパカバーナのビーチで下車して少し歩いてみる。片側3車線ずつ分離帯もある立派な車道で、その両側はかの有名な美しいモザイク模様の幅広い歩道が縁どっている。よく見ると赤信号でも車は止まらず、スピードを落とさずに赤信号を無視して走り去る車が随分と多い。時期的には冬のためかビキニ姿の女性は見られず、ボール遊びなどしている子供たちがいるぐらいだった。

レブロン海岸を抜け、海岸を見下ろす岩山に折り重なるように建つファーベラ貧民街を抜けてくねくねと曲がる坂道からトンネルを抜けコルコバードへ向かった。広場から階段を上り、大西洋を望む崖っぷちに建つキリスト像はかねてより知っていたが、聞くと見るとは大違いの大きさだった。

帰りのタクシーの中で彼女に、「何故そんなに僕たちに親切にしてくれるのか」と聞くと、元々日系ブラジル人が多く住み、その人たちの生活マナーや日本製品への憧れ、優秀な頭脳を尊敬し、日本が好きだと言う。そして昨年海上自衛隊の軍楽隊パレードを見たことによって、スマートで粋な白い脚絆をまいた服と水兵の行進にすっかり魅了され、日本人にほれ込んだと言う。それに兵隊さんや貴方達はブラジルに住む日系ブラジル人と少し違うタイプの日本人だとも言われた。

そういえばバナナを積んで訪れたスペインのバルセロナやプラャデガンデアでも、カメラや時計の精密機械を作る日本人を尊敬すると言われたし、中米でも同じように言われたことが何度もある。中米ではよく「チーノ、チーノ」と東洋人を見るとそう言われるが、ハポネスと言うと「セイコー、セイコー」と時計の名前を言われ、日本が一番と態度が変わる。

翌日17日から荷役が始まり、重量物についてはスタルケン式のデリックの扱いを知らない人夫に代わって、本船乗組員がウインチの操作を行う本船荷役。特製のワイヤースリングを掛けてそろりと巻き上げていき、船側についているバージに降ろす作業は1時間余りで無事終了。後は通常の荷役用に15トン用デリックの段取り替えを済ませて船内作業人夫に引き継ぎ、通常の荷役当直にはいる。

2日間荷役がなかったために非番になった乗組員は其々市内観光に行った。お土産や観光地の情報を交換する食事時間はその話で盛り上がる。近くに女の子の集まる店があるということで、港から歩いて15分位の建物の地下にあるバー「Quadrado da Noite」(夜の広場)に行ってみると、そこは船員クラブのような雰囲気で船員のたまり場になっていた。各国の船員たちがカウンターやテーブル席で飲めるようになっていて、そこに女の子たちが来て一緒に飲んだり踊ったりしている店だったが、飲み物も安く朝方までやっていて賑やかだった。

ここでも我々日本人は好かれて楽しい気分にさせてくれる。彼女たち曰く、アメリカ人は横柄。イタリア、ギリシャ人は金を持ってないしケチでかっこつけ。イギリス人は高慢ちき。いずれも気軽におごってくれないという。彼らに比べるとおごってくれるし偉そうにしない日本人は皆が好きだという。

19日、リマさんの土産店に行くと、明日の夜に歌手ロベルト・カルロスのディナーショーに行かないかと誘われ、二つ返事でＯＫして山田君と行くことにした。リマさんは「友達を一緒に連れて行って良いですか」と尋ねる。「是非そうしてください」と返事したが、リマさんは自分をどんなふうに思っているんだろうかなと思いつつ、明日のナイトショーを楽しみに帰船した。

20日夜９時に土産屋の前ではリマさんの友達のシモンさんがいて一緒に行くことになる。４人でタクシーに乗り、街の中心地近くのホテルシアターに向かう。ディナーショーだったが何とステージのすぐ近くの席を予約してくれていた。ステージ前にはテーブル席が50～60位はあったが、後ろの方ではディナーなしでの席も準備されていた。

開演は23時からスタートで、初めて知った歌手のロベルト・カルロスのショーだった。ブラジル音楽ラブバラードの帝王と言われ、１９７１年代のアマダ・アマンテ、翌年のポル・アモール、レディ・ラウラなど数々のヒット曲を世に出した彼はポルトガル語・スペイン語圏では知らない人はいないという有名歌手で、彼女たち2人ともファンだという。さびれたような甘い声はピアノとのハーモニーが調和する。心打たれた観客の中には歓声と一緒に声をあげて歌い、涙ぐみながらのファンが多かった。僕には特にアマダ・アマンテは心に残る曲で、今でもその曲を聴くとリオの思い出が甦ってくる。彼は1941年生まれということで同じ年齢だった。

日が変わり、9月21日午前1時過ぎにショーは「アンコール、アンコール」で1時半頃に終わり、それから彼女たちも興奮が冷めないらしく「アパルトで話しましょう」と言うのでタクシーでリマさんのアパルトへ向かうが、この時間はブラジルでは未だ宵の口だという。10分位で着いた場所はコパカバーナビーチの背後地にある7階建ての一室だった。冷蔵庫の中からハイネッケンのビールやソーセージ、チーズを出し、どんなに今日が楽しかったか、日本人に会えて幸せだったかなどをしゃべりながら朝近くまで過ごしたが、ブラジル人の夜の過ごし方にはとてもついていけない。

「また会えるか」と言われても、今日は朝から荷役当直で夜も20～24時の当直。朝に荷役が終わるとすぐに出港する。ならば会社の名前と船の名前を教えてと言うのでメモ用紙に書いて渡し、帰船して気をとりなおして当直に入る。

ホールド内のケース物、機械類、雑貨などの揚げ荷はステベサイドで、120トンの大型重量貨物の操作は本船乗組員の手で荷役を行い、大谷春樹甲板長の指揮のもと甲板部の大貫・山田・山下・高梨・根本君など全員の力で無事に終わり、22日リオを出港しサントスに向かう。リオデジャネイロ港からサントス港まで２１４マイルで約14時間の航海。ところがとんでもない事件がサントス港で待ち受けていたのだ。

9月23日、サントス港に入港。２日間の岸壁待ちで沖にアンカー。9月25日夜に27番岸壁に接岸する。

◇13―3　サントス留置所の身元引受

9月27日、日系ブラジル人の多く住むサントス、夜の当直まで街に出て下町風の日本人経営の店で豆腐やインスタントラーメンなどを買って帰船。本船では私服の警察と名乗る男たちが僕を待っていた。一体何事だと不審に思いどういうことだと訊くと、なんと警察の留置所にリマとシモンという女性がリオから来て、不正に許可を得ずに港頭地区に侵入して逮捕されているという。なので保釈金５００ドルを持って身元引受に来てくれという。そんなことを言われてもと思ったが、どんな事情でサントスに来たのか本人にも聞きたいし、リオで世話になったことでもあり、警察官たちには20時で仕事が終わったら迎えに行くことを約束して場所を確認して帰ってもらう。

事務長に事情を話し、５００ドルを借りて仕事が終わったその足で警察署にタクシーで迎えに行った。署には例の警官2人が窓口にいて、１人がこの書類にサインしろと言う。これは保釈金を持ってきて留置中の本人を引き受けたという証明書だと言うので、リマとシモンを此処に連れてきて、本人にもその書類を確認させてからサインすると言うと、先に保釈金を見せろと言う。現金５００ドルを見せると、分かったとすぐに2人を連れてきた。短パンでシャツ１枚姿のリマとシモンさんは、屈託のない笑顔で少し照れくさそうに「来てくれて有難う」と言う。証明書にサインして５００ドルを渡し、２人の身柄を引き取りタクシーでホテルに送り届けた。

リオからバスでサントスに遊びに来たついでに港の本船を探して、許可がなければ入れない保税地域に入り税関のパトロールに捕まり、警察に引き渡されて留置所に入れられたということだった。保釈金の５００ドルは彼らのお小遣いになるそうだ。その日はサントスの街にいる友人を訪ねてリオに戻ると言う。何とも屈託のないおおらかなブラジル女性を改めて知ることになった。次の航海で会いましょうと別れて帰船する。

９月29日に荷役は終わり、サントス港を出港。サントスを南下して９月30日パラナグアに入港。10月４日出港し今度は北上。10月10日フォルタレサ入港。翌日11日出港して南大西洋を東航。10月24日ダーバン入港、翌日出港した。11月７日マラッカ海峡通過。11月９日シンガポール入港、11日出港。11月15日香港入港して揚げ荷。11月24日には名古屋港で、４か月ぶりに日本に戻る。

横浜、神戸港での揚げ荷を11月27日に終えて、11月28日に船の定期検査のため神戸川崎重工木工浜に接岸。12月2日から5日までNo.1ドックに入渠した。12月6日、北浜艤装岸壁から定期検査を終え、神戸新港2突にシフトしてブラジル向けの積み荷を開始。雑貨、工作機械、フォークリフトを積み、2番ハッチホールドセンターに、ヤード内でコンテナを抱いて走行する巨大なストラドルキャリアを積み込む。大型のキャリアが本船のホールド内にすっぽり収まるのだから、ハッチの大きさが如何に大きな構造に出来ているか良くわかる。

荒天に遭遇した本船

12月13日横浜港外着。14日大桟橋に着岸し積み込を開始する。ホールド内の積み込みが終了して、2番・3番オンデッキに艀から大型クレーンの積み込を終えて出港、リオに向かう。本船の幅が20・5mあるがクレーンの長さが50mもあり、それを2分割したものを2番ハッチ上（長さ27m）に斜めに置き、3番ハッチ上（幅9m）に1個のクレーン部品と22mのクレーン部品を船外に1・5mずつはみ出す格好で積み込んだ。ステルケン型デリックポストはハの字を逆さまにした形で、その最上部は船外まで突き出した格好をしており、しかも積み込んだ貨物も船体から両舷にはみ出している姿で、大洋を航海する姿は異様な姿に見えるだろう。

しかし、我々乗組員はこの貨物をリオデジャネイロのIshikawajima do Brasil（石川島ブラジル）の造船所まで無事に届けなければならないという決意が湧いてきて、同時にその責任感をひしひしと感じて日々貨物の点検も気合が入る。

12月21日横浜港を出港。12月31日補油のためシンガポール入港。マラッカ海峡を通過しながらの正月となる。

◇13―4　海上で迎える正月

船の正月の儀式は伝統的に引き継がれていて、僕が昭和34年に初乗船したころは11月28日だったと思うが、後部デッキ上で杵と臼を用意し、非番の乗組員が賄いで蒸したもち米をついて船橋の後部チャートルームやエンジン制御室、操舵機室に供える鏡餅を作る。賄では司厨長・1番コック・2番コック・ライス・サロンボーイ・メスロンボーイ・パントリーボーイ全員で正月用料理の全てを手作りで、新年を迎える用意をしてくれていた。

時代が流れて、今では船食から仕入れた正月用の材料でもって大晦日には神棚に餅を飾り、新しい榊と日本酒を供え、食堂の壁には国旗、社旗を壁に張り、賄い部はコックさんやボーイさん総出で新年の雑煮や煮物、酢の物、焼き物で料理を作ってくれる。

慌ただしいシンガポールの出入港、続くマラッカ海峡通過で、船長指揮のもと当直員を交代しながら大晦日の年越しそばを食べ、当直の交代の合間に日本短波放送の紅白歌合戦を聞きながら新年を迎える。

　昭和49年の正月、食堂では一人ひとりお重に盛られた正月料理、お雑煮、鯛の尾頭つき塩焼き1尾、日本酒、ビール等がテーブル一杯に並べられて新年の祝い事が始まる。雑煮は賄いのオーブンが何時でも使えるように用意され、汁も大鍋に用意されていて、あらかじめ10個程パックされて配られた餅を自分で焼いて食べる。其々職長が乾杯の音頭をとり、新年の祝いと航海の安全を祈る。

船の正月料理

　1月17日、ケープタウン沖を通過。1月27日、リオデジャネイロに入港する。「リマさんは今僕がリオに着いたことを知らないだろう。どうしているのかな」と案じても、本船はデッキ上にオーバーウィングした（両舷からはみ出た）重量物の貨物を積んでいるので、沖荷役で大型の艀に降ろさなければ岸壁に接岸できない。2日間かけて重量物を艀に本船ギヤで降ろす。これら重長物貨物のラッシング用の資材は莫大な量であり、ワイヤー、角材類などの整理、収納に丸1日かかる。それも帰りの航海がドミニカでの砂糖積が決まっていたので、バラ積みのためホールド内に置くことができず、資材を船首ストア、マストテーブル内に納めていく。

1月30日、雑貨13番岸壁に接岸する。たぶんこの時点でリマさんは本船の入港を知ったに違いない。というのも、土産屋とか港の近くの飲み屋さんには、沢山のドルを落としてくれる船の情報が出回っているのがこの世界だ。揚げ荷と積み荷で5日間の停泊予定なので胸が騒ぐ。例年行われるパイリスタ通りのカーニバルは今年は何日から始まるのか、街では参加チームの練習のリズムがあちこちで聞こえていることだろうか。当直を終えてシャワーを浴び、リマさんの土産屋に行ってみるが、シャッターが下りて閉店していた。前航海の時にリマさんやシモンと行った地下のショットバー「夜の広場」に行ってみたが、居なかったのでラムコークを飲んで帰船する。

コパカバーナのビーチ

2月3日は午前の当直が終わり、非番の大貫・山下君を誘ってリマさんの店に会いに行くと、船の入港は知っていたらしく来るのを待っていたと喜んでくれた。ビーチに一緒に行こうとシモンさんも来てくれて、コパカバーナのビーチに泳ぎに行ったが、泳ぐ人たちは少しだけで、それは外国人だという。現地の人たちは泳ぐのではなくてビーチでボール遊びしたり、しゃべりながら飲んだり食ったりして過ごしていることに気が付いた。事実リマもシモンさんも水着じゃなくて短パンとシャツのままの何時もの恰好で来ていた。

そこにはカーニバルのためのサンバの練習という数グループがいて、その周りではもうすでに踊り始めている人たちがいた。数時間をビーチで過ごし、彼女たちにお別れの挨拶をして船に戻る。今航海で休暇下船の予定なので、もう二度と会えないだろうと思うと切ない気持ちだ。本当に良くしてくれて有難う、さようならだ。

カーニバルが始まる時にはすでにブラジルを離れている。2月4日夜リオを出港。2月5日サントスに入港した。23番バースで雑貨の揚げ荷後、1番バースにシフトしセメントの揚げ荷が終わり、ドミニカまでは空船の航海となる。乗組員も仕事の合間をみてゴルフに行ったり、買い物や市内観光に出てブラジル最後の港を堪能した。

しかし、ここでもう一つのハプニングがあったのだ。キャプテンが上陸中に車と接触、病院に運ばれたが幸いにも出港前に退院してきた。代理店いわく、「ブラジルは汚職とワイロ天国だから気を付けて」と。半端な事故を起こすと補償金を一生払わなくてはならないので、ひき殺してしまえと本気で言われているそうで、警官も交通事故切符を切らず、その場を収めるために現金を渡せば事故がなかったことにしてくれるのだそうだ。

2月10日サントスを出港、ドミニカ共和国ラ・ロマナに向かう。約４７００マイルを15ノットで、ブラジル東岸を北上。2月15日フォルタレサ沖を通過。17日赤道を通過しカリブ海に。

静かな海でスピードも上がり、予定より早い2月22日にラ・ロマナに入港した。

航海中は重量物貨物を多く積んでいたので、それらに使われたダンネージ、角材、ワイヤー、シャックル、ターンバックルの収納整理や船倉内のサイドスパーリング、ボットムシーリング材の損傷個所の手直しや張替をし、ビルジウェイの掃除は特に念入りに行う。砂糖を積み込むための万全を期すためだ。完璧なホールド掃除をしなければ航海中に湿気やビルジのために積み荷を駄目にしてしまう。

24日、赤砂糖8千トンをバラ積み。この砂糖の甘〜い匂いはデッキから居住区まで伝わってきて、日が経つにつれて頭が痛くなるほどだった。

砂糖の積み込み

ラ・ロマナを出港し、2月27日、クリストバル側からパナマ運河を通過。28日バルボアを抜けて、3月13日ハワイ諸島沖通過。3月17日、180度線（日付変更線）を横ぎり、3月26日横浜港外錨泊。3月27日、川崎市営ふ頭に着岸し砂糖を揚げた。3月31日東京品川ふ頭着岸。4月5日揚げ荷終了。4月6日、横浜港高島岸壁に着岸し、休暇下船する僕と大貫君のために、21時から中華街にて山下君、山田君、高梨君が送別会を開いてくれた。

　ブラジル航路は思い出の多い９か月間の乗船だった。リオの思い出は死ぬまで忘れられないだろう。昭和49年４月６日、横浜港で下船した。

14　空から見たアラスカ・マッキンリー山
――鉱油船「千歳川丸」

7万6796DW$_{トン}$　燃費58$_{トン}$／日　1万8千馬力
昭和49年5月12日～昭和49年7月16日

フランスのフォス港で乗船することになった。これまで貨物船以外の乗船経験がないので一瞬戸惑ったが、備考欄に鉱油切り替えのための増員ということでフランスのフォス港で乗船という。さらに聞いたことのない地名で「それ何処や！」だった。

フォス港で8万$_{トン}$の原油を揚げ荷し、地中海を東にボスポラス海峡から黒海に出てソ連ウクライナのイリチェベスクで石炭を積むために、揚げ切り後の原油タンクをガスフリーにして次の積み荷の石炭を積む準備の応援だった。

昭和49年5月9日、神戸本社の海務部にて乗船経路等の説明を受け、今回同行する中島利幸さんと途中の食事代等3万円を受け取る。

昭和42年5月に三菱重工で建造された本船の後には、6月に石川島播磨重工で建造された姉妹船の千早川丸がある。本船の構造がセンター部分のタンクが4個、両舷にあり、センタータンクは原油を空にした後に鉱石を積めるように設計されていた。

◇14―1　初めての海外乗船

空路アンカレッジ、コペンハーゲン、パリ、マルセーユ経由で乗船することになった。三ノ宮駅からリムジンバスで大阪空港を経由し、羽田発22：30時のＪＡＬ４０５便にてパリに向かう。途中アンカレッジで2時間の燃料補給の間、一時休憩で待合室で手足を伸ばし、シロクマのはく製を見たりしているうちにオーバーコートを脱いで椅子に忘れて機内に戻る。機は再び次のコペンハーゲンに向かってフライトする。しばらくすると機内放送で、眼下に見えるのが北米大陸で一番高い６２００ｍのマッキンリー山だと教えてくれる。当時はこれが最も航続距離が短い飛行コースであったのだろう。途中でコートをアンカレッジに忘れたことをスチュワーデスさんに伝えると、すぐに対処してくれた。パリに着くまでに発見されたと連絡があり、後日、家まで送ってくれる手配までもしてくれ、彼女たちの手際の良さに感謝。そのスチュワーデスさん達はコペンハーゲンで交代した。

パリ・オルリー空港にて

5月10日10：05時、パリドゴール空港着。そこから国内空港のオルリー空港にバスで移動し約1時間で到着したが、マルセーユ行きのエアーインター便は16：00時発。やれやれというか、これからマルセーユに到着後、代理店が予約してくれているマルチギの街の宿まで行かなくてはならず時間がかなりかかるので、今のうちに食事をしようとするがメニュー内容が分からない。そこでビーフステーキとビールをオーダすると、ボーイが何か怒っているように「ビールはダメだ。ワインにしろ」と言われ、「あ〜ここはフランスだな」と思い知らされた。28・40フランを支払う。

17：30時に1時間30分のフライトでマルセーユ空港に着くと、そこには代理店が看板を持って待ち受けてくれたのでホッとする。40分程走るとフォスの手前のマルチギの街に1軒しかないというホテル、ラ・リドに到着した。本船は予定より遅れ3日後に入港する予定という。

◇14—2　ホテル・リド

1階がレストランバーになっていて、2階がホテルで部屋数は6つしかなく、女将さんとボーイさんと料理人1人だけのこぢんまりしたホテルで、自分たち2人以外に宿泊客はいない。ここでの支払いは全て代理店が立て替えてくれるということだ。夕食にワインを注文すると、ビンごと持ってきて、これを飲めとボーイさんに勧められ、食事もボーイさんの勧めるシーフードのメニューだった。ワイン1本を飲みながらの食事で、旅の疲れもあってすっかり酔いが回り早々と部屋に引き上げ、シャワーを浴びて寝る。

5月11日、朝の食事がすむと「今日は何かの祭りでパレードがある」と教えてもらって中心地に行くことにした。なにせ小さな本当に田舎町で高いビルもスーパーもなく、民家がぽつぽつあるこの町でのパレードとは何だろうと女将さんに聞くけれども、英語は通じないし、こちらはフランス語が全く分からない。結局何のパレードか分からないまま中心と言われるところに出てみると、伝統的な衣装を着た子供たちの鼓笛隊が行進していた。

ベール湖の南西に位置する人口4万人位というこの町は農業と漁業の町らしいので、何かその収穫のお祭りのようだった。ホテルに戻ると代理店からのメッセージが届いていて、本船が明日12日夕方に入港するので15：00時に迎えに来るとのことだった。

女将さんが、食事に何か注文があるかと聞くので、お米を焚いてほしいとお願いすると、日本人の食べるお米の炊き方が分からないと言う。そこでお米を1kg買ってきてもらい、地下にある厨房に行き、まず3合位米を用意して、研ぎ方はこうだと鍋の米を何度も水で白みの濁りがなくなるまで研ぎ、水加減は手加減でここまでと教え水を入れる。そして鍋に蓋をしてコンロにかけてもらう。

炊き上がりを待っている間、初めての日本人にすごく興味を持ってくれ、少しは好感も持ってくれた様子で、旦那さんも見学しながらワイン1本を開けてくれた。僕はその炊き上がったお米で玉ねぎとソーセージを用意してもらい、まず焼き飯を作り、残りを日本から持参した梅干しと海苔で三角おむすびを作る。手のひらに載せたコメに梅干しを入れ、それを三角に結ぶのだが、女将さんやコックさんは丸いおむすびすら手加減が出来ないのかぽろぽろおむすびで、三角おむすびが全く出来なかった。僕の作った三角おむすびの仕上がりには目を丸くしてその器用さに驚いていた。

「明日お別れなので、今晩は皆で食事しましょう」と女将さんの提案で、コックさんはエビと貝の何とか言うフランス料理と僕の作った日本料理で豪華な夕食となった。皆でテーブルをはさんでの夕食は、言葉がお互いにうまく通じなくて、手振り、英語、スペイン語、日本語、フランス語とごちゃごちゃ混じった会話だったが、ホテルの人たちの初めての日本人宿泊客への暖かいもてなしが嬉しかった。

12日、代理店の人が15時に迎えに来てホテルの清算をしてくれ、リドを発つ。代理店の車でフォスまで15分位の距離だったが、コンビナートの石油岸壁に接岸して揚げ荷中の7万重量トンのタンカーに乗船する。僕はタンカーの経験がなかったが、相方の中島さんはタンカーの経験豊富な人だったので心強かった。

村田昌平船長に乗船の挨拶をして、割り当てられた予備室で5月9日以来の旅の緊張から解放される。

◇14―3　原油タンクの切り替え作業

原油の揚げ荷が終わりウクライナ・イルチェベスクに向け出港する。航海中は原油タンク内のガスフリー作業と底に溜まったスラッジ（油性残潜物で酸化した沈殿物）を船底からエアーモーターを使って引き揚げ、船外廃棄作業をする。タンク内は酸素濃度が低く可燃性ガスが充満しているため、そのガスを不活性ガスに置換して、その後不活性ガスを空気に置換する作業を甲板部総出で行う。タンク内を高温にした海水をバタワースを使って洗浄し、油と混濁した海水は暫くスロップタンクに溜める。タンク内で油分を分離され、上部に浮いて溜まった油分は廃油タンクにストックする。

フォス港を出港し、地中海のど真ん中でスピードを落としながらガスフリーの作業を終えると、タンク濃度を測り安全を確認してタンクボトムに溜まったスラッジをかき集める。それをオイル缶やペイント缶、シンナー缶など空き缶に入れて、エアーモーターで引き揚げて船外に放棄するという作業が2日間続く。一刻も早く作業を終了させるため食事も休憩も交代で行われ、石炭を積む準備が終わった。いよいよ地中海から黒海に向かう。

エーゲ海を抜けるとダーダネルス海峡に入る。東洋と西洋の架け橋ボスポラス海峡に入ると、半島の先端部に建つ有名なトプカプ宮殿を見て操舵する。前方には１９７３年に完成した１０７４ｍの第一ボスポラス大橋が見えてくる。左舷側にはイスタンブールの街並みとその中に建ちそびえるモスクがイスラム教徒の国らしい。狭い海峡といっても一番狭い所で８００ｍもあり、反航船もほとんどなく、五大湖へのセントローレンス川やミシシッピ川、マゼラン海峡とは異なり潮流も穏やかだ。視界も良く幅の広い海峡の操舵は景色を眺めながら余裕の航行だ。橋下をくぐり黒海に出て、イリチェベスク港まで３５０マイル、約24時間で入港する。

検疫官は実に大柄な女性で、男性かと見間違うぐらいうっすらと口ひげを生やしているように見える。後で知ったのだが、こちらの女性は体毛を処理する習慣がないそうだ。街に出てみると、ゆったりとした道路に2階建ての家並みが続いて人通りはほとんどなく、店も看板ひとつない殺伐とした通りで、1人の女性が黒パンとネギを買って歩いているのを見ただけだ。何にもない石炭の街だった。

ボスポラス海峡を航行

3日間の積み荷が終わり出港。地中海を通り大西洋に出てアフリカ沖を南下し、ケープタウン沖を通過。インド洋を横断して7月16日、川崎製鉄千葉港に入港し休暇下船。

因みにこの年は原子力船「むつ」が誕生した年で、昭和43年に起工され6年の歳月を経て竣工した。本船は青森沖の試験航海で放射線漏れを起こし長期間係留され、平成5年に原子炉を撤去しディーゼルエンジンに入れ替えられ、練習船「みらい」と船名が変わった。米国のサバンナ号、ソ連のレーニン号、ドイツのオットハーン号に続く世界4番目の原子力商船のはずだった。

15 欠員補充の緊急乗船

――西オーストラリア航路・貨物船「すえーでん丸」

1万0827DWトン　燃費32・20トン／日　1万馬力
昭和49年10月2日～昭和49年10月13日

緊急乗船の依頼を海務部配乗課の村田さんからの電話で受けた。千歳川丸で乗り合わせたキャプテンの村田さんが陸上勤務となっていた。本船乗組員が千葉港での揚げ荷中、事故で病院搬送されて欠員が出たとのことであった。無下に断ることもできず、揚げ荷が終わるまでとのことなので着の身着のまま千葉で、ピンチヒッターで緊急乗船した。その間に正式な交代要員を確保し派遣してもらうことになり、横浜、神戸と順調に揚げ荷が終わって11日間の乗船を終え、門司で下船した。

乗下船時ではその土地を観光することがないので、せっかくだから下関を観光してみようと思い立ち、関門連絡船で渡って赤間神宮・厳島神社をめぐり、唐戸市場で寿司を食べたりして1日を過ごした後、新幹線で帰郷した。

＊【海技大学でのＭゼロ船（機関室無人化）教育】

休む間もなく1週間後、芦屋にある海技大学に運輸省が5か年計画で進めるＭゼロ船の人材教育第一期生として10月20日より入学することになった。

機関室無人化と技術革新に対応するため甲板手21名、機関員20名が自動制御装置機器、電気、電子機器、機械工学、航海などを海技大学で翌年3月まで6か月の在学課程、3か月の乗船実習を行い、Ｍゼロ船資格取得船舶で本来の職名で定員外実習を行うものであった。

甲板課の習得科目は運用、航海計器と実習、当直、レーダー、タンカー荷役、自動制御、実用電気、法規、機関概説、油圧機器、工作等で、機関科でも補助機器、冷凍機、旋盤、溶接、航海概説などの教育で、船舶所有者から推薦された乗船歴3年以上の履歴を有する者が対象だった。その間、朝の7時に家を出て通学し、無事座学を終えた後に「せぶんしーずぶりっじ」で乗船実務を終了後、認定書を運輸省より授与された。

16 カンパニア・ペルアナ・デ・パポレスに傭船

――南米西岸・ガルフ航路・貨物船「べねずえら丸」

1万2千DWトン　燃費23トン／日　7200馬力
昭和50年3月26日～昭和50年7月17日

配乗課から海技大学Mゼロ船教育を終了し休む間もなく佐賀関での乗船命令葉書を受け取り、乗船地が場所だけに大分空港までは飛行機を利用したいと申し出たら、以外とすんなりと了承してもらえた。空港からリムジンバスで大分駅まで行き、さらにバスで佐賀関に着くと、日本一高い煙突で有名な佐賀関製錬所で銅を揚げ荷中の本船に乗船する。ペルーの会社に傭船されての配船だ。「がてまら丸」と同型船で、中南米、カリブ航路用に建造された重量物船として日立造船来島ドックで建造された。75トンデリックを装備してさらに冷凍艙も設けられていた。

昭和41年以降、中南米の開発と貿易量の増加で、鋼材、プラント類、自動車、重機械類などの輸出のため従来の20トン、40トンデリックを凌ぐ70トン、80トン、120トンデリックが装備された「がてまら丸」「ほんじゅらす丸」「えるさるばどる丸」「にからぐあ丸」「まぜらん丸」「じぶらるたる丸」「じゃまいか丸」などの7隻に、東南アジア向けの「雪川丸」「月川丸」の2隻など重量物船隊が建造され、その内の一隻だ。さらに180トン装備の「春国丸」、300トン装備の

「ばしい丸」「まかっさる丸」、６００トン装備の「まらっか丸」が建造された。

重量物船は「じぶらるたる丸」以来二度目の乗船だ。往航はバンコック、香港、高雄、キールン、神戸、横浜で雑貨を積み、ガヤキール：5月10〜11日、タララ、バカスマヨ：5月20〜24日、チンボテ：5月24〜25日、カヤオ：5月25〜30日、ゼネラルサンマルチン：6月1〜2日の航路で、太平洋からパナマ運河を通過し、クリストバルで補油。キングストン、マイアミ、ポートエバーグレイスで揚げ積した。復航はタンパ、ペンサゴーラ、モービル、ニューオリンズ、パナマ運河を通過し、中米西岸で綿花を積み東南アジアへ戻る航路であった。

印象深いのはマイアミだった。アメリカの金持ちのリゾート地で、本船は南から沿岸に沿って航行する。その周囲の景色はまさにフロリダ・マイアミで、映像や絵葉書の通りの世界で目を見張る景色が広がる。ヤシの木、緑の芝生、プール、海辺には隙間もないほどのヨット、豪華クルーザーが係留されて、映画の中に映し出される光景だ。

観光とリゾート地のせいか、その割りには港は貧弱で貨物船バースは非常に質素だ。一直線の岸壁は貨物船1隻分の長さで保税倉庫もかまぼこ型の1棟だけ。ギャングも1口（6名）での雑貨揚げ荷役であった。

入港当日は夜からの荷役ということで街に出てみるが、一歩街に出るとそこは映画の中のような街並みで、広い庭と南国風家屋など到底我々とは無縁の世界が広がっている。商店街もなくスーパーもない通りを歩いてみると、銃砲店があったので覗いてみた。店内にはライフル、拳銃、重火器までありとあらゆる種類が壁から天井にまでずらりと並べられている。我々日本人には無縁の銃だが、それでも店員からは、ドイツ製、ポーランド製、チェコ製、イタリー製、ロシア製、ブラジル製などを見せながら「どんな銃が欲しいんだ？」と聞かれる。「日本人だけど僕でも買えるのか？」という質問に、イミグレーションのランディングパーミットでもクルーパスポートでもあればそれでオーケーだと言う。外国人の僕たちでさえ、いとも簡単に買えるのには驚いた。これが銃社会のアメリカなのだ。

マイアミを出港してキーウエストをぐるりと回り、ガルフ湾へ。ペンサコーラ、モビール、パスカゴーラ、ガルフポートと巡り、ミシシッピ川を遡ってニューオーリンズで雑貨の揚げ荷。

◇16―1　ミシシッピ川を12時間上流へ

遊覧観光蒸気船がのんびりと観光客を乗せて遊覧航行する横を抜け、さらに上流の都市バトンルージュ河港まで１２８マイルを12時間近くミシシッピ川の上流へ向かって航行する。パイロット２名が乗船してきた。流れの速いほぼ90度に曲がるコースが多くあり、上流に向かっての舵は利きやすい。主機の回転の制御は当直士官がエンジンコントロールレバーの stop、dead slow、half、full を細かく制御するのに合わせて、操舵手はパイロットの指示に合わせて舵を切っていく。操舵手は舵角と前方船首方向の曲がり具合を見ながら同時に川の流れの強さを感じて当て舵をしたり、操舵角の度数を調整しながら舵を切っていく。舵が所定の進路に近づくとパイロットからsteadyと指示され、船首が所定のコースになると操舵手はsteady as she goesと反復令する。

内陸ミネソタ州イタスカ湖から5900㎞の長さを蛇行しながらガルフ湾に流れているこの大河ミシシッピ川を航行して、バトンルージュの河港に接岸する。岸壁は川沿いの土手に沿って本船の長さ130mより短い120m位しかなく、船首船尾とも5m位ずつ岸壁よりはみ出し、係船索のヘッドラインとスターンラインは川岸に打ち込まれた丸太にとる。満潮時と干満時の差が7mもあり、満潮時に接岸して潮が引きだすとどんどん舷が下がり、タラップが入港時は下に向かっていたのが上向きになる。タラップが使えなくなるので格納してボートデッキから簡易タラップを渡す。積み荷のトウモロコシと綿花荷役には干満にあわせてデリックの位置を頻繁に変えるためトッピングリフトの上げ下げとガイワイヤー、ロープ、センターロープの取り換え張り替えに甲板部は付き切りとなった。

1992年、留学していた日本人学生が10月17日のハローウインパーティーで、訪問した家の玄関先でフリーズの意味が理解できずに射殺された事件が起きたのがこの街バトンルージュだった。

翌日、満潮時を見計らって出港した。パイロットが途中にある造船所を指さし、日本の造船所は建造した船を船尾から進水式をするが、此処では川に沿って建造された船は横滑りで川に進水させると教えてくれた。なるほど進水方式の常識が変わる。

緊張のミシシッピ川の下りもニューオーリンズ港を左舷に見てガルフ湾に到着。ガルベストンの東側、トリニティ湾入口から3時間でヒューストンに入港。

綿花の積み込の荷役の合間に、夕食後ダウンタウンに出掛けてバーに入ると、そこはトップレスバーだった。カウンターの上で白人の若い女性がトップレスでリズムに合わせライトアップされた半裸で踊る姿は実に艶めかしく美しい。曲の変わり目に降りてきて横のテーブル椅子に座り、一杯おごらされたが、目の前の半裸姿には目のやり場がない。日本人には刺激が強すぎるが、それにしても白人の金髪に白い肌は透き通るような白さで見とれていると、一杯どころか数杯おごらされ早々と引きあげた。昭和50年7月17日、神戸港で下船。

17　貨物船「もんたな丸」がコンテナ船に

――極東カリフォルニア航路・コンテナ船「はーばーぶりっじ」

1万4953・61総トン　燃費37トン／日　1万1500馬力
昭和50年8月26日～昭和50年9月26日

8月25日、突然配乗課の村田さんから電話で、「明日、韓国の釜山で乗船してほしい」と緊急の依頼があり、「またか～！」と思いつつ病人の交代要員だったので、8月26日空港へ。14時大阪発JAL983便で釜山空港到着。代理店の迎えで40フィートコンテナを積み荷中の本船に乗船した。生越敬治キャプテンに挨拶し詳しい説明を聞くと、香港で体調を崩していた操舵手が釜山港に入港して病院で検診した結果、B型肝炎で劇症のため急遽釜山の病院に入院となったということであった。

この本船こそ、昔のニューヨーク航路在来船華やかりし頃、昭和41年代の「ねばた丸」「もんたな丸」「ころらど丸」の3姉妹船の「もんたな丸」を改造した船だった。

昭和41～42年に乗船した在来船の「ねばた丸」は、下船する前の航海から甲板上にコンテナを積載するため仮設のコンテナ受け用のビームを取り付け、試験的なコンテナ輸送を始めたが、それがコンテナ船のはしりで8年前だった。

それはアメリカのマトソン社の改造コンテナ船が稼働し東京品川岸壁を出港、43年にはシーランドの社のコンテナ船がカリフォルニア航路に就航、時代はコンテナ船の幕けとなった。フルコンテナ船「ごうるでんげいとぶりっじ」の建造となったのも当時の「ねばた丸」からの実績の積み重ねが実を結んだのだ。

「もんたな丸」を改造し〈はーばーぶりっじ〉、「おれごん丸」が〈たわーぶりっじ〉、「ころらど丸」が〈べいぶりっじ〉と船名が変わり、港湾設備がコンテナ化に追い付かず、そのため居住区の前部、後部には三井パセコの門型クレーンを2基装備していた。デッキ上に給電ケーブルを通じ給電された走行レールが敷かれ、脚部と脚部に開閉式ガータとトロリー、そしてスプレッダーが取り付けられ、コンテナを掴み積み下ろし出来るようになっている。それはコンテナヤード内で多く使われているトランステナーを船上に備えたようなものである。

釜山港にて

航海中はブレーキをかけ、ターンバックルでがっちり締められて固定されている。荷役でコンテナを積む時は所定のハッチ口までは乗組員が移動させ、航海中は腕をたたんで、荷役時は腕を張り出し、コンテナを掴み引き揚げて船内に引き込み、ホールド内をガイドレールに沿って巨大なコンテナが積まれていく。

それにしても、昔のニューヨーク航路の花形の貨物船がコンテナを積むために改造された姿は見事な変身としか言いようがない。荷役用のデリック、デリックポスト、マストロッカーなど撤去、６個の船倉はコンテナを収納するように拡張され、船倉内1段目・２段目のデッキも取り払われた。甲板上のデッキもクレーン走行用に幅が広げられ、外板が外に突き出すように張り出し、そこに巨大な門型クレーンが取り付けられている姿は昔の面影はない。総トン数１万１０４４トンが４８９４４トンも巨大化され、コンテナ積載容量は40フィートが４８５本、20フィートが40本が積載可能となり、３隻で13日間隔のサービスを行うものだった。

香港、高雄から釜山を経由して、シアトル9月7～8日、ロングビーチ9月11～12日と寄港する。三国航路で日本には寄港せず、乗組員の交代、休暇下船は全て外地で行われているので、この休暇中での緊急乗船は1航海して下船することになっている。

◇17―1　後輩の副島邦彦さんに教わった、佐賀七賢人

1航海だけだったが空港からヤードに着きタラップを上ると、唐津の後輩副島さんが出迎えてくれ、挨拶を済ますと丁寧に特殊な甲板機器の取り扱いや日常業務を教えてもらった。彼は後に航海士の資格を取り、タンカー安全指導員として活躍されている。

航海中、彼から聞いた「佐賀七賢人」の話は今でも忘れられない。大隈重信、江藤新平、副島種臣、鍋島直正、佐野常民、島義男、大木喬任のこの7人が明治維新の時に佐賀が生んだ佐賀七賢人だという。これは知らなかったので、今でも佐賀県といえば副島君を思い出す。

日本海を東に津軽海峡を抜け北上。季節的に夏場なので大圏航法でシアトル港に向かう。津軽海峡を航行する時の乗組員の気持ちとして、手の届くような北海道・青森を見ながら素通りするのは何とも切ないものだ。

◇17―2　時刻改正

航海中の船は船用視時（シップスアパレントタイム）を使う。正午に太陽が船の真上に来るように時刻を合わせるもので、毎朝三等航海士が計算して午前9時に改正している。東行する船は時間を進め、西へ向かう船は時間を遅らせて行き、目的地に入港するときその国の標準時刻に合わせることになる。

高速で航海するコンテナ船などは東西に航海すると1日の時差が1時間にもなり、往航は23時間で日付けの変わる日々を過ごし、復航は25時間の長い1日となる。東回りで世界1周すると毎日時計が進められ、日本に帰り着くときは24時間進められる。西回りだと24時間遅らされる。そこで日付変更線が損得ないように経度１８０度で西から東へ越えると日付が１日飛んでなくなり、東から西へ通過すると同じ日が２日続くことになる。船乗りが東から日本に向かっているときと同じ日が2日続き、早く帰りたい気持ちの身には無情な感じになる。

釜山から4601海里、約11日の航海でシアトル到着。揚げ荷時間は箱（コンテナ）の揚げ積なので20時間足らずで終了して、1170海里、約3日間の航海でロスアンゼルスのロングビーチ港に到着する。上陸する間もなく折り返し、釜山、高雄、香港向けに出港、9月26日丁度に釜山入港。翌日の27日、在釜山総領事館にて雇止め手続きをして下船となりKALで帰国した。この航路（PACFE）はその後10月でもってサービスを終了し、乗組員は香港で解散帰国した。

18　欧州航路フルコンテナ第１船
——ヨーロッパ航路・コンテナ船「せぶんしーずぶりっじ」

３万９１５２・１１総トン　燃費２００トン／日　８万馬力
昭和50年11月20日〜昭和51年３月19日

クイックデスパッチを目的としたコンテナ船の入出港動静を列挙してみる。

昭和50年　東京港11／20〜22、高雄11／25〜26、香港11／27〜28、シンガポール12／１〜２、ポートケラン12／３〜４、スエズ運河12／12〜13、ハンブルグ12／19〜20、ロッテルダム12／21〜22、アントワープ12／22〜23、ブレーマハーフェン12／24、スエズ運河１／１〜２、ポートケラン１／９、シンガポール１／10〜11、香港１／14〜15、高雄１／16〜17、大阪１／19〜20、東京１／21〜22、高雄１／24〜25、香港１／26〜27、シンガポール１／30〜31、ポートケラン２／１〜１、スエズ運河２／９〜10、ハンブルグ２／17〜18、ロッテルダム２／19〜20、アントワープ２／21〜22、ブレーメンハーフェン２／23〜24、スエズ運河３／４〜５、ポートケラン３／13〜14、シンガポール３／14、大阪３／19

東京で乗船し、浦賀水道を抜け太平洋へ。川崎汽船のフラッグシップとしてヨーロッパ航路のコンテナ化の第１船として２航海目から乗船することになった。海技大学でのＭゼロ船教育を終え、機関室無人化への反対職訓練生として実習乗船だ。主機、発電機、補機それぞれの担当者から出港スタンバイ時の主機ターニング方法、発電機単独運転から並列運転切り替え、各種ポンプ類運転、注油、エアーのドレン切り、燃料ヒーター過熱、A重油からC重油へ切り替え、エンジン始動に除湿乾燥された主エアーベッセルの25kg圧力空気を用いる操作など、一緒に回りながら通常航海へと出る。

航海中はそれぞれの機器の点検、補修、分解手入れ、廃油処理、午後から夜間エンジンルーム無人化に入るためのタンク補水、各フィルター、ストレーナ掃除、スートブロー、夜間の油漏れ箇所がないか視認しやすいように床面の油拭きをする。それぞれ１０００以上ある計器・機器類のうち重要なMゼロ、チェックリスト２００項目以上の点検個所を船尾シャフトトンネル内スターンチューブ潤滑油チェックからボートデッキの冷暖房装置まで毎日行うプログラムとなっていた。

昭和50年の９月16日、川崎重工神戸工場で引き渡しされ、処女航海は東回りパナマ運河経由のヨーロッパ航路だった。２航海目から航海日数短縮のためスエズ再開後にスエズ運河を通航するが、社船では初めてとなった。

ニューヨーク航路の「べらざのぶりっじ」と仕様はほぼ同じだというが、デッキ上４段積みで横12列、ハッチカバー強度は20フィートが50トン、40フィートが70トンに強度アップされて積み付け制限を緩和されている。そのハッチカバーも「くいーんずうぇいぶりっじ」などと同様に油圧による同時締め付け装置が採用され、迅速化、省力化されている。

主機は2基2独立操縦系統で操作されるので、両プロペラが同一回転数および同一位相に運転できるようにシンクロフェイサーと呼ばれる同期装置が設けられ、ブリッジには機関無人化制御置が備えられている。エンジンルームからブリッジまでのエレベーターは人員用と貨物人員兼用エレベーターも設置されて、いずれも前後両面にドアがオープンできるように工夫されている。

昭和43年、川崎汽船とマースクラインが欧州同盟に加盟して、在来船での第1船「仏蘭西丸」がヨーロッパに向け就航した。在来船からフルコンテナサービス開始に先立ち、フランス・ベルギー合弁のＦＢＳ、香港のＯＯＣＬ、シンガポールＮＯＬと国際コンソーシアムを結成し、ＡＣＥグループと名付けられた。コンソーシアムのトリオグループ、スカンダッチに対する第三勢力として「せぶんしーずぶりっじ」が9月に就航し、続いて「ネプチューン・サファイア」「ネプチューン・エメラルド」が就航した。

◇18―1　8万馬力の実力

こうして本格的なコンテナ輸送を担う巨大な8万馬力というとてつもない高出力、高馬力のディーゼルエンジン4万馬力2基2軸を採用し、1気筒当たり４０００馬力という想像を超える馬力で、シリンダー径が１０５㎝、20気筒エンジン1気筒４０００馬力、最高速力31ノットを一時記録したのだ。燃料も1日200トン消費するのには驚かされた。台湾・高雄港まで2昼夜半で到着し、カミソリの刃で波を切るような軍艦並みのスピードも記録された。10トンダンプカーでさえ350〜400馬力なのだからその馬力の大きさも想像がつくであろう。

同時期に日本郵船の欧州航路コンテナ船「鎌倉丸」（5万1139トン）も配船され、蒸気タービン2基で航海速力も27ノット、最大速力31ノットという。その意気込みは日本最大の客船だった鎌倉丸の名前を命名したことからも、この船に託していたものが窺われる。しかし、鎌倉丸はタービンエンジンが故に燃費が悪く、ディーゼルエンジンに比べて燃費が劣り、その後ディーゼルエンジンに替えられた。他に同型船、鞍馬丸、商船三井のらいん丸、えるべ丸等がいた。

西回り処女航海へ身の引き締まる思いで東京湾を出て高雄に向かう。東京港〜高雄1361マイルを出力75％の27ノットで航海して行き、力強いエンジンの音が心地良く響くなか季節的に静かな海を突き進み50時間で到着した。

船橋は船を集中制御する場所で、操舵装置の他に機関制御装置があり、2基のエンジン回転数、速力計、レーダー、マグネットコンパス、ジャイロコンパス、風向風力計、音響測深儀、クロノメーター（世界標準時と現地時間を表示）、無線装置等が並び、船の安全航行に必要な機器が据えられている。ヨーロッパ航路では河川の航行が多く、大型船での接岸離岸の操船に苦労するが、本船は船首にバウスラスタ（船首プロペラ）が取り付けられた。従来は離着岸時にタグボートで押したり引いたりされていたものが遠隔操作で操船が容易になった。

航海・停泊中を問わず、機関部は主機・補機の点検整備を行うが、船が一度港を出てしまうと何かのトラブルがあっても応援を呼ぶことができない。誰にも頼れないし補修品も手に入らない場合、全て自分たちの手で、部材が足りなければ船内で一から道具や部品を作って修理し、船を動かして目的地に到着しなければならないのが我々の宿命だ。

シンガポール港の本船

船は高雄、香港、シンガポールに寄港。石油製品、薬品、チョコレート、タイヤ、石ケン、金属製品等を積みマレーシアのポートケランに到着するも水深が浅いため、岸壁までには満潮時でないと船底がつかえるので、潮待ちのためアンカーを入れ満潮を待ち接岸する。積み荷が終わり再度満潮を待ち出港、スエズに向かう。
インド洋からアデン湾を経て紅海に入り、ポートケラン港から４７９４マイルを８日間で走破しスエズに到着。第四次中東戦争が終わり通行が再開されたばかりの航行となる。このスエズ運河通行のための戦争保険料は運河通行料とは別に、保険金額１００億円に対し９１００万円だと聞かされた。

スエズ運河で戦禍の跡

第二次中東戦争が１９５６～１９５７年、第三次中東戦争は１９６７年5月のことで、このとき14隻の商船が8年間も運河にとじ込められてしまっている。第四次中東戦争は１９７３年のことで、イスラエルとエジプトの争いで再び運河の通航が出来なくなった。この戦争では運河を挟んで両軍が渡河作戦を繰り返し、運河の両岸には戦車の残骸が記念碑として残されている。運河が封鎖されていたその間は、アジアから欧州まで行くのにアフリカ沖の喜望峰経由で1万４５００マイルを航海しなければならず、３５００マイルも余計に航海しなくてはならなかった。

◇18―2　スエズからポートサイドへ

12月12日早朝、パイロット2名が乗船。船団を組んで先頭の船から順に通航開始する。船団を組むにも順位があり、軍艦が最優先で次いで客船、貨物船と続き、大型船より小型船が後となる。１２０マイル（１９３㎞）におよぶ運河の航行は緊張するが、なにせ北に向かってほぼ一直線に進むのみではある。

地中海と紅海との海面差はなく、運河の航行は１レーンのみで、グレイトビター湖とバッツラバイパスで双方向の船団が待ち合わせ入れ違う。北からの船団が早朝に運河に進入しグレイトビター湖で停泊待機すると我々南からの船団を待ち、ここで両船団はすれ違う。北に向かう我々はバッツラバイパスまで進み、北からの２番目の船団とすれ違い、それぞれ北へ南へと進む。

グレイトビター湖を過ぎてからはほぼ北に向かって一直線に進む。操舵しながら両舷を眺めても、砂、砂、砂の砂丘で砂に埋もれた戦車や高角砲が野ざらしになっていた。不思議なことに砂丘の中の戦車とか大砲には恐怖感は感じられない。船はただ北に向かって８ノットのスピードでポートサイドに向かって進む。パナマ運河やミシシッピ川の航行と違って行き会う船がないため、ただ決められたコースに舵を持つだけで十分に周りの景色を見ながら操舵できる。パナマ運河は船が山に登るような感じだが、スエズ運河は不思議なことに古代エジプトの砂漠の物語の世界に足を踏み入れるような感じだった。

エジプト人ライトマン１名、綱取りマン３人がボートで接岸してきて本船のクレーンで吊り上げ乗船してきた。彼らは通航中、万が一時の綱取りなので、乗ってくるなり土産屋になって、日用品、パピルス、古代の絵をモチーフにした銅製の皿、記念品等を土産品としてドルかアメリカ製のタバコと交換してくれと持ち込み、通路で並べて商売を始める。それもタバコはラッキーストライクだと言う。

パイロットも乗船してきてすぐに２カートンのタバコを渡してあるが、それでももう１カートンくれと言う。理由は処女航海ならもっとプレゼントをくれということなのだ。おねだりして当たり前という感覚が理解できない。

夕刻ポートサイド着。パイロットと綱取りを降ろして地中海へ。ジブラルタル海峡アルジェシラスの街を見ながら難所を通過してアントワープ港まで３３０４マイル、５日間の航海で到着。その後1週間でベルギー、オランダ、ドイツを回りコンテナの揚げ積をすることになる。アントワープ～ロッテルダム間の１１７マイルを5時間の航海、ロッテルダム～ブレーメン３２７マイルを13時間、ブレーメン～ハンブルグ１５９マイルを7時間となり、いずれの港も河を上った河川港で操舵もほぼ手動での航海である。

港の出入港は年中24時間のオープン体制で、コンテナ荷役は深い霧の中でも日曜祭日、昼夜問わず行われるため、乗組員は寝る時間もない数日を過ごすことになる。昔のニューヨーク航路在来船の時代のニューヨーク航路と似ているが、甲板部での作業で根本的に違うのは、全ての貨物がコンテナの中に収納されていて陸上クレーンで揚げ積してくれるので、乗組員の負担は少なくなったことだ。雨でも風でも貨物が濡れることがないため接岸と同時に荷役が始まり、中断することなく数時間で終了し即出港となったので、上陸する時間が全くなくなってしまった。

ハンブルグへの港は北海から１１０㎞、エルベ川を6時間遡る。港の20㎞手前の Welcome Point と言われる Webel の町の川辺に建つレストラン「シュラーワ・フェーハウス」（別名ウェルカムポイント）から岸壁のスピーカーを使って、行きかう１０００トン以上の船に対して「ようこそハンブルグへ、あなたの船に挨拶出来て嬉しいです」と、その国の言語で挨拶してくれて国旗も掲揚する。そして、その船が出港してエルベ川を下ってくると「さようなら」と挨拶の言葉がスピーカーから流れる。このレストランは１９４９年に創業されて１９５２年からこの挨拶をスタートしたそうで、チャート（海図）の Webel にチェックマークを入れている船長もいる。ハンブルグの観光名所にもなっているそうで、大型船の航行を目にしながら珍しい儀式が体験できるレストランとなっている。因みに住所は次の通りで市内から20㎞西方向。

レストラン名：Schulauer Fahrhaus

住所：Parnassstrass 29.22880 Webel

電話：04103-92000　email：info@schulauer-faehrhaus.de

このように、その国の国旗を掲げてくれるのは船乗りに敬意を表してくれるドイツ国民の気持ちが表れていて嬉しい。はたして日本ではどうだろうか？

荷役中にハンブルグ市長や港湾関係者、荷主、領事などを招いてのレセプションが開かれた。サロン、スモーキングルームは万国旗で飾り、メインテーブル中央壁に日本とドイツ国旗を飾り、我々はタラップに本船の名前とウェルカムの文言入り幕を取り付けた。パーティーが２時間にわたって執り行われた後、招待客は船橋のウィングに出てドイツ製のアウブラダー社が１９６８年に開発した２階建て観光バス、ネオプランが居区前デッキ中央部に３段積コンテナで

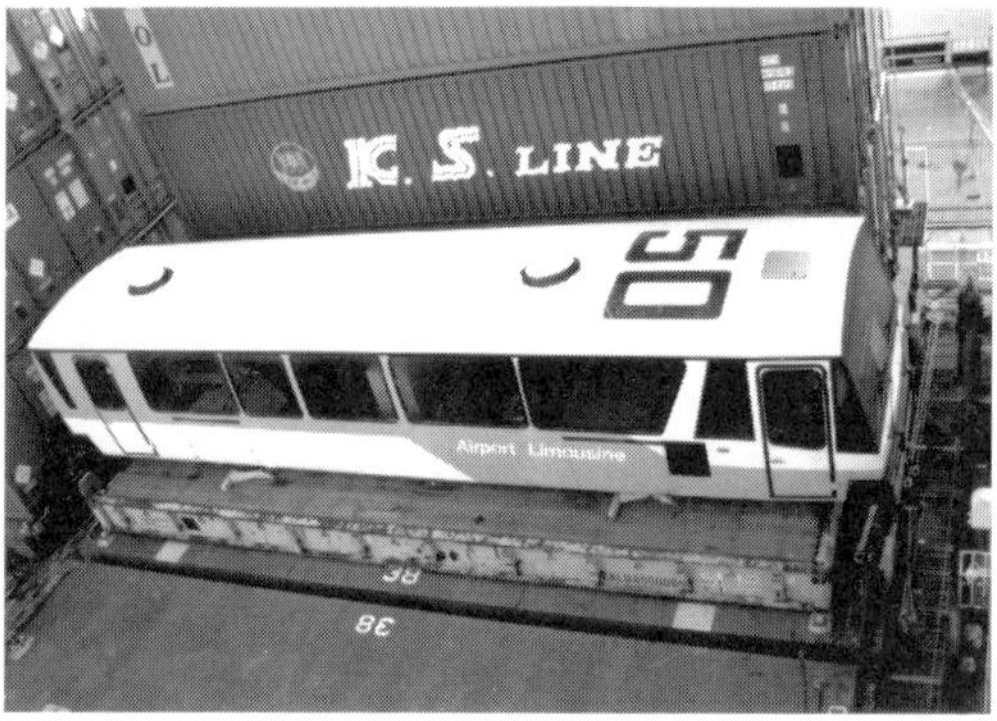

ドイツ製リムジンバスの積み込み

囲むようにして積み込まれるのを見学してパーティーは終わった。

　復航のブレーメンハーベン港はエルベ河口のパイロットステーションから60マイル、ウエーゼル河の入口に位置し、うねりと潮の干潮を防ぐためパナマ運河方式ロックがある。このように港々の入出港が続き、休息の時間はほとんどない。

◇18—3　シリンダーのガス漏れ

　復路、スエズ運河からインド洋の真っただ中で、1基のシリンダーがガス漏れで出力が規定まで達してないため回転を落としエンジンを止めると、機関長から連絡があり、シリンダーヘッドの擦り合わせをすることになった。爆発圧力が漏れているということらしく、面圧部の不均等の調整を最短時間で修理するために甲板部の非番の者も総出となり、エンジンコントロールルームで一等機関士から修理手順の説明を受ける。

　開放用具を準備し、カバーのナットを弛める油圧ジャッキやポンプ作動の確認などの準備を進める。1気筒4000馬力で直径105㎝もあるシリンダーのシリンダーヘッドカバーを取り外し、100kg程の擦り合わせ工具を天井クレーンで吊り降ろし、4人がかりで工具を左へ右へと回しながらミリ単位の隙間を擦り合わせ調整する。ひたすら人力で磨きをかける作業は、インド洋での暑さと発電機やボイラーなどを作動している機関室内で行うのでとてもきつい。4人1組で擦り合わせ道具を反復させる力仕事を15分交代で数時間もかけて仕上げていき、調整しながらカバーを取り付け、隙間を計測してはまた取り外しての作業が何度も繰り返された。

こうして仕上げていく作業は朝の9時から始まって完璧に復旧出来たのが夜の7時だったので実に10時間を費やし、全乗組員一丸となっての作業であった。まさに応援をメーカーや修理業者に頼めなくても、いかなる困難のもとでも自分たちの力で可能にすることが出来る証明だと思う。僕にとっては機関部実証訓練の良い経験になった。

こうしてスエズ運河経由の処女航海を無事に終わらせ、息つく間もなく大阪、名古屋、東京港と10日足らずでコンテナの揚げ積みして再度ヨーロッパに向かう。まさにコンテナ化により乗組員は船の運航要員へと変化を遂げつつある時代となってきた。乗船後の3か月の実習も2航海目途上で無事に終わり、本来の職務に復帰する。因みに昭和44年8月に日本初の自営コンテナターミナルを大阪南港C―1バースに開設。以後、横浜本牧、東京大井、神戸ポートアイランドと営業を開始していった。こうして2航海を終え昭和51年3月19日、大阪港で下船。

19　岸壁の母、端野いせさん来船

――カリフォルニア航路・コンテナ船「くいーんずうぇいぶりっじ」

3万0135・76総トン　3万6千馬力
昭和51年6月7日～昭和51年12月8日

一航海のスケジュールを列挙してみる。

東京6／7～8、オークランド6／19～20、ロングビーチ6／20～22、東京7／3～4、神戸7／5～6。

一航海が30日というカリフォルニア航路のコンテナ船で、昭和47年1月、ジャパンラインとの共有船として竣工した船で「ごーるでんあろう」はジャパンラインへ、「しるばーあろう」は当社船となり、「くいーんずうぇいぶりっじ」と改名した。

神戸港にて乗船する。艙内852個、甲板上589個の計1441TEUのコンテナを積み速力22ノットだ。船山登キャプテンに新乗船の挨拶をして、早速引き継ぎを先任者と済ます。引き継ぎも、コンテナ船は特別な荷役作業や特殊機器などの取り扱いもなく至ってシンプルで迅速に行う。

ブリッジ内の各種機器測定装置のスイッチの確認や冷凍コンテナモニタリング装置、操舵装置の確認、停泊中のバラスト操作などを短時間で済ませると荷役もすぐに終わり、次の港への出港となる。停泊中は不用品や廃油、修理品の陸揚げ、補水・補油と備品、船用品、食料品等の積み込みで、陸上業者の打ち合わせなど雑多な仕事を数時間の停泊でこなさなくてはならない。

川崎汽船の所有するコンテナ船の船名には、世界各地の有名な橋の名前がつけられている。今乗船しているこの「くいーんずうぇいぶりっじ」もロングビーチ港の自社ターミナルから観光名所であるクイーンメリー号を係留してある場所の前を走るクイーンズウェイを通ってロングビーチのダウンタウンに向かう途中に架かる橋の名前だ。

ガントリークレーンの1基で、1時間当たりの作業量が30〜40個と言われ、通常居住区より船首方向に1基、居住区より船尾方向に1基がつき、コンテナの上げ下ろし作業を行う。24時間で1基当たり400個、2基のクレーンで800個の作業をすることになる。コンテナを揚げるとコンテナを固縛してあったラッシングバーを片付け、積み込むとそのラッシングバーを取り付け、その緩みがないかをチェック。リーファーコンテナの設定温度の確認とパートローチャート一個一個のチェックを行う。その円形温度記録紙には船名、航海番号、積港、揚げ港、設定温度などが記載され、時間ごとに温度計測が記録されるものでチェックは素早く行う。港によってはクレーン3基で行う港もあり、港と港の距離と本船のスピードの兼ね合いで、乗組員は荷役当直に航海当直と休む間もなく働かなくてはならない。

オークランド（サンフランシスコ）港外に到着。ここは気流のせいでよく霧が発生する。霧のサンフランシスコと歌に歌われた街。ゴールデンゲートブリッジの巨大な古い橋も旅情を誘う。海側から見る橋も贅沢な旅情と言うか、船乗りしか味わえない景色だ。

日本の港を出港して東へ向かって航海するので、毎日時刻改正が行われる。東へ向かうときは船内時計を進め、西に向かうときは遅らせて行くことになる。毎日三等航海士が正午に太陽が最も高い位置、即ち船の南北線上になるように計算して時刻改正する。船橋には2つの時計があり、ひとつは普通の3針計で船内時刻を示している。もうひとつは4針計で短針が2本ある。短針の1本は日本標準時（JST）、もう1本は世界時（GMT）を示している。

ゴールデンゲートブリッジの橋をくぐり観光地フィッシャーマンズワーフを右に見て左に囚人島アルカトラスを見ながら、続いてオークランドベイブリッジをくぐりアラメダの海軍基地の近くのターミナルに接岸。港湾労働者の夜荷役拒否というストライキで昼間だけの荷役となったためシスコの街を見物に出かけた。タクシーで地下鉄バートのウェストオークランド駅まで行き、モンゴメリー通り駅で下車し、フィッシャーマンズワーフまで徒歩で散策しながらレストラン街を歩き、土産品を買い、帰りの地下鉄駅までケーブルカーに乗り帰船した。

オークランドを出港して20時間でロングビーチの自社ターミナルに接岸する。荷役の合間に船食からの食料品やお土産品で先に注文していたカリフォルニアオレンジやグレープフルーツ、季節によりメロン、アイスクリームの積み込みを済ませ、当直の合間に歩いてコンテナヤードから20分程の道路を挟んだ海浜公園へ行き、1967年に退役し博物館兼ホテルとして係留されているクイーンメリー号を見学した。8万7774トン、長さ310mで一時期サザンプトン〜ニューヨーク航路花形客船だった。3本煙突が特徴のクイーンメリー号は商船の巨大さと異なる巨大な建造物に見える。一方、姉妹船の2本煙突のクイーンエリザベス号は1969年に退役した後、売却先を探して香港で係留されていた。1972年に火災を起こして沈没し、1975年に解体された。

綿花が80俵詰められている40フィートコンテナはユニチカ豊橋向けで、以前は大阪貝塚工場まで運ばれていたという。その他、ハイド（牛皮）、ウェス、肉、ハム、ポテト、果物類の貨物が主流で、冷凍コンテナを数多く積むので電源の確認や冷凍冷蔵ユニットのガス漏れ、コンプレッサー、コンデンサーのチェックが重要な仕事となる。ポテトの主要荷主はマクドナルドだそうだ。

運転状況はブリッジ内のパネルで24時間中モニタリングされているが、陸上から輸送されて来たリーファーコンテナが本船上に積まれて、それが正常に作動しているかのチェックが重要。不具合があると設定温度が保持できずにコンテナの中の貨物の腐食につながるので、専任のエンジニアが常に積み込まれたコンテナ一本一本をチェックして回る。

本船は120個の冷凍コンテナを積んでいるが、その設定温度はグレープフルーツ11・1℃からマイナス23・5℃までと十数種類にわたり温度管理の苦労が多く、日々チェックに余念がなく、冬場の荒天の日も吹き付ける風と潮を被りながら続く作業だった。

この年から商用海事通信衛星（ＭＡＲＩＳＡＴ）が打ち上げられ、日本を出た後の大洋航海中でも家族との通話が可能になった。航海中でも用事があれば家に電話できて家族の肉声も聞けるようになり、乗組員には待望の電話となったが、しかし高額な料金だった。

◇19―1　東京湾で端野いせさんが来船

3航海目の東京港8月21日、入港時に母から事前の連絡で、「端野いせさんが船を見てみたいと希望されてるので連れて行くから」とのことであった。大森に住んでおられた77歳の端野さんを当時東京府中市に住んでいた母がお迎えに行き、タクシーで来船された。室内の乗組員の部屋、賄い室、食堂を見学し、エレベーターでブリッジに上り船機器やウィングに出てコンテナ荷役の様子を見学されたが、それらには余り興味をもたれなかったようだった。

終戦後ソ連に抑留され、その後解放されて引揚船で帰ってくる息子の新二さんを舞鶴港の岸壁で待ち続け、思いがかなわなかった引揚船の話と、僕の父親が満州に出兵しその後フィリッピンに転戦して生死不明となり、母も父を待ち続けたことが共通の話題として母とのつながりができ、当時一世を風靡した「岸壁の母」や「瞼の母」の歌手、二葉百合子・菊池章子の後援会を通じて端野さんと知り合いになっていた。その引揚船のイメージがあって船を見学したいという端野さんに、母が「それでは息子が船に乗ってるから見学に行きましょう」と連れてき

端野いせさん来船

たという。

だが当時、舞鶴港に66万人が引き揚げてきた引揚船「白山丸」「興安丸」と、広大なコンテナヤードに並ぶコンテナさらに巨大なコンテナ船とでは余りにも違いがあり、戸惑いどころか船を感じ取られなかったのではないかと思った。ホテルのような部屋が並びエレベーターが設置されている船内を船と認識できなかったように思えた。端野さんは昭和56年7月1日、僕がこの後大阪支店に陸上勤務中に亡くなられた。

コンテナを積んで揚げての航海の繰り返しで5航海を終える頃、大阪支店勤務を命じられ、12月8日神戸で下船した。

＊【大阪支店で6年間の陸上勤務】

昭和52年3月より大阪支店南港ターミナル事務所勤務の辞令を受けると、同時に給与通知書明細が送られてきた。基本給、勤務員手当、家族手当、住宅補助で20万円弱となった。只、この給料が適正なのか僕には分からなかったが乗船中の給料からはガクンと下った。着任する前の1月10日からはそれに伴いコンピューター端末機の扱いの手仕舞い業務のため、神戸三宮の関西タイピスト学院にて3か月の英文タイプ短期集中科に通い、午後から神戸本社で船積み書類全般、手仕舞い業務機械化処理、コンテナヤードの仕組みと業務まで幅広く、3か月を戸惑いながらも無事終えた。

横浜支店から赴任されてきた松本課長と課員9名の内8名が海員籍で、紅一点の鈴木恵子さんを交えてスタートした。これは大型コンピューターの導入により従来のB/L発行の手仕舞い業務をコンピューター化に対応するためと、それともう一つ、この頃の外航海運、運賃は低迷し円高ドル安で不況下の中だったので、人員合理化の一環として当時の海員籍2400名の一部を陸転させて雇用を維持する苦肉の策でもあった。

コンテナターミナルのある各地で、D/R、CLP、輸出許可書を収集、CY、CFS(小口混載貨物)から集められた其々の書類の仕向け地、船名、荷送人、荷受人、集荷地、デリバリー先、荷姿、個数、重量、容積などの情報をブッキングリストと照合する。そして各航路の規定による運賃と費用の計算を航路ごとの品目リスト(タリフレート)によって計算してIBM3277端末にデータを入力。プリンターでチェックリストをプリントアウトして二重三重にチェックした後、画面にてOKサインを出すとそのデータは各地B/L発行店でOUTPUTされ、B/Lが発行される。運賃計算はコンテナ船時代になると小口貨物は普通貨物か危険品かに分類され、容積または重量で計算。コンテナ扱い貨物は中身の貨物の分類はせずボックスレートいわゆるコンテナ単位1本の運賃と変わっていった。

データを端末機に入力していく作業が連日21時位まで続いた。これは該当本船の小口貨物貨物書類締切が入港前々日、大口コンテナ貨物の締切が入港前日16時30分となっており、輸出通関の終わった書類とコンテナが締め切り間際までヤード搬入されてきて、ヤード担当者は締め切り後に書類をさばき手仕舞いをしてＢ／Ｌの原紙になるＤ／Ｒ、ＣＬＰを船会社に送ってくるため、時間的なずれが生じ、夜間入力作業となってしまうのだ。

ここでは平均月間１３００件のＢ／Ｌデータを処理しており、東オーストラリア（ＥＳＳ）が一番多く、ヨーロッパ（ＥＵＲＣＯ）、ニューヨーク（ＡＴＯＣＯ）、マニラ（ＦＩＬＣＯ）、西オーストラリア（ＷＡＵＣＯ）、カリフォルニア（ＣＡＬＣＯ）、北太平洋（ＮＯＷＣＯ）の順だった。その他トランシップ積み替えも行っていた。

当時、川崎汽船はＡＮＬ（オーストラリアンナショナルライン）と共にＥＳＳジョイントサービスの下で「おーすとらりあんしーろうだあ」「オーストラリアンエンブレム」「オーストラリアンエスコート」の共同配船で1週間ベースで大阪港に入港してきて、豪州側はシドニー、メルボルン、ブリスベーンの3港に寄港、アデレードにはメルボルンから内陸輸送されていた。

大阪地場の松下電器、三洋電機、シャープからの輸出は洗濯機、クーラー、冷蔵庫などいわゆる白物家電で各社40フィートコンテナで50～60本の積みきれないほどの貨物があり、オーバーブックのため、日本郵船、商船三井、山下新日本のスペースを借りて積み込んだ。さらにブリヂストンやオーツタイヤ製の鉱山用大型タイヤ、普通タイヤ、バッテリー、旭硝子のディスプレイガラスなど、今では考えられないがブッキングを断る事態も発生していた。

日本郵船グループはコンテナを吊り上げて本船に積み込むリフトオン方式荷役であったが、ＥＳＳグループの本船は完成自動車やブルドーザーなど自走でランプウェイを経由して自走荷役するロールオン・オフ方式の船型船であった。

欧州航路の大阪港積貨物では中西金属社のマイクロウェーブオーブンが多量に北欧向けに輸出されていた。豪州航路が使用するＣ—１コンテナターミナルにはバースの長さ２００ｍあり、ガントリクレーン（30・5トン）２基とＲＯ／ＲＯ用ランプウェイが備えられていて月間18隻、取扱いコンテナ３０００本（ＴＥＵ）に及んだ。

一方、欧州航路などが使用するＣ—３コンテナターミナルは、３００ｍのバースに超高速ガントリクレーン２基（30・5トン）で利用船社ＡＣＥグループ欧州航路の他、イスラエルのジム社、韓国のナムスン社、サムスン社などの船社が利用、月間６０００本（ＴＥＵ）の取扱い高に達した。

平成３年、Ｃ—１（豪州航路）、Ｃ—３（欧州航路）の２つのターミナルから岸壁長３５０ｍ、奥行３５０ｍの広大なＣ—８ヤードに移り供用開始した。

そのターミナルゲートには搬入されるトレーラーに載ったコンテナ貨物全体の重量を測る

看々（かんかん）と呼ばれるスケールがあり、コンテナ総重量を実測することができた。そこで入力されるコンテナ番号・ドアシール番号はコンテナ、インベントにも反映される。

Ｂ／Ｌ作成のデータ入力は品名はワンアイテムで済むがコンテナ番号とシール番号がアタッチメント付きということになった。メルボルン港で陸揚げされた松下電器40フィートコンテナの冷蔵庫がアデレードのコンテナヤードに到着したら中身が全て抜き取られていたという事件もあった。捜査当局によればコンテナドライバーと窃盗団がグルで、メルボルンからアデレード間６００㎞陸送の間に抜き取ったとのことだった。現在のコンテナドアシールの特殊合金の指の太さ程もあるロックピンとは異なり、当時のシールには帯シールと言われる薄い鉄の帯状のものでペンチやバーでこじればすぐに切れてしまい、荷主によっては自身で南京錠を取り付ける荷主もいた。

その後、ＮＣＣ（南港コンテナセンター）の日東運輸内にあった南港ターミナル事務所を引き払い、中央区淀屋橋の千代田生命ビルの大阪支店内のテレックス室だった部屋に移った。このビルにはデンマークの船会社マースク、川崎汽船の子会社で港運業者の国際港運が入っていた。

支店には、総勢95名、半数以上が営業で輸出家電メーカ松下・三洋・シャープ、自転車の島野・前田・角田・桑原、繊維のユニチカ・東洋紡など、輸入は繊維原料課・雑貨と、その他、荷主ごと、地域ごと営業担当者がいた。海員籍で輸出第一部営業豪州課勤務の小林英明さん、その後任の藤本昌之さん、北米課の柳本寿徳さん、中南米アフリカ課の当麻真人さん、輸入部繊維原料課の樹久孝さん、雑貨課の馬淵元志さん、北米課の山本さんも陸勤しており、藤本さん、樹さんとは以前同じ船に乗り合わせたこともあり、僕たちが遅くまで残業しているとよく差し入れの品を持ってきてくれた。なによりも心強かったのは、「建川丸」「じぶらるたる丸」当時の事務長だった調査役、若林辰一さんには何時も慣れない仕事をする我々をサポートしてもらえた。君島和生支店長、山口部長の下で受け渡し部手仕舞い業務課で勤務。その間、丹波篠山のマツタケ狩りや神戸支店との野球試合、クリスマスパーティー等、楽しい思い出たっぷりの6年間の陸上勤務だった。

アルバニー市からノーマンさん夫婦来日

昭和58年、陸上勤務の終わりの年に、「瑞典丸」乗船中にお世話になったオーストラリア・アルバニー市のノーマンさん夫婦が来日、1週間ホームステイされて京都、奈良、和歌山のアドベンチャーワールド、温泉やお寺、神社を案内した。梅田の地下街を歩いたとき、「なんて素晴らしい街なんだろう。地下街に滝があり川が流れているなんて、今まで見たことない!?」と驚き感激されていたのが意外だった。オーストラリアは広い土地があるからこんな地下街を作る必要がないということだった。

20　初めてのタンカー
――油槽船「ちぼり」

23万１７９５ＤＷトン　燃費58トン／日　３万６千馬力
昭和58年7月16日～昭和58年12月２日

６年６か月の陸上勤務を終えて、海上勤務に復帰することになった。当然陸上勤務中は船の乗船中の給料からかなりのダウンとなったので、乗船前に船員の配乗を行う海務課担当課長に給料の良い船に乗船させてもらうよう依頼した結果、ペルシャ湾手当（暑さ手当）、危険手当などが付与されるタンカー乗船となった。しかし、今までタンカー乗船の経験がないので急遽、布引社員研修所でタンカー研修を受け乗船した。

30万トン近くの原油を積める巨大タンカーで、和歌山県下津の東燃に入港していた。シーバースまで通船に乗り、見ると本船は近づくにつれて全長３００ｍ、幅60ｍという巨大なサイズに圧倒される。その長さは東京タワーとほぼ同じ長さとなる。

下津の山の上に石油タンク群があり、本船のポンプを運転してパイプを通じて陸揚げされる。30万トンの原油を積んだ船の喫水は20ｍもあり、ＶＬＣＣは沖合のシーバースに接岸して荷役を行う。レーダーマストのてっぺんから船底までは実に60ｍもある。１日の燃料の消費は60トンも消費するタービンエンジン船だ。

休暇下船者と引き継ぎを行い、そのまま長崎県口之津出身の森常恭さんと早速当直に入る。僕が初めてのタンカー乗船と聞いて、一つ一つを丁寧に教えてくれた。貨物船では24年履歴の僕でも新人同様で、森さんにはひっつき虫で下船まで本当にお世話になった。乗船前に研修を受けたとしても実務は頭の中とは違う。貨物船やコンテナ船とは全く異なる船の構造。積み荷が油ということで燃える油と爆発のガスという怖さ。タンカーの火災事故や油の流失事故などが世界中で起きているのでタンカー事故の怖さをひしひしと感じながらの当直となった。

当時、乗組員の配乗では貨物船乗りとタンカー乗りとに分けられていた。何故なら貨物船乗りが来ても使いもんにならんと言われるぐらい危険度の高い船の運航と荷役作業は熟練を要し、緻密な当直が必要だからだ。油漏れを起こし周囲の海面を汚染するようなことがあれば、その流失油の回収と漁業補償や環境汚染の回復のため天文学的な費用が発生すると言われている。

原油の揚げ荷が終わり、本船と陸上をパイプでつないだチクサンアームを外し、ホーサーを解き、アンカーをウィンドラスで巻き込みながら沖合に出て、大阪湾を後にペルシャ湾に向かう。本船の錨は実に16㌧もあり、長さ1シャックル27・5mが14節で385mもある巨大なものだ。貨物船では1節20mが10節で200mなので、数字を比較するだけでも倍近いのが分かる。

出港後カーゴタンクのガスフリー作業にかかる。タンク内の酸素濃度が低く可燃性ガスが充満しているので、ボイラーの排気ガスを利用して不活性ガス（イナートガス）を注入し、そのあと不活性ガスを空気に置換する。この作業を昼夜休みなく続ける。

　ペルシャ湾の積地ラスタヌラ港の桟橋に着桟すると、石油会社のローディングマスター、サーベア、代理店が乗り込んできて、タンクサーベイ、荷役準備、バラスト排出など目の回る忙しさのなか準備完了し、積み荷開始となる。

　今回のローディングレートは毎時１０００～１２００トンでスタート。我々はパイプライン、継ぎ目、各タンクの漏れがないか素早くチェックする。オールナイトの荷役が続き、翌朝各タンクが次々と積みきりとなり、積み込量の計算が行われ日本に向けて出港する。この時期８月のペルシャ湾は灼熱で、デッキは太陽熱で熱せられるだけでなく、さらに陸上側のタンクで貯蔵されて送られてくる原油も１００℃近くになっていることから、静電気防止用の安全靴を履いていてさえ熱で足裏がやけどしそうになる。生卵をデッキに落とすと一瞬で卵焼きが出来ると聞かされていたが、これは間違いないことだと実感する。

　こうして原油を満載して再び下津港へ向かった。夏場の

和歌山・下津港の本船

ペルシャ湾航路を2航海したが、貨物船で育った僕にはタンカーでの2航海だけでは到底一人前になれず、下船まで森さんに世話になりっぱなしだった。12月2日、下津港にて下船。この後「ちぼり」は小笠原沖合で洋上備蓄船として活用された。

◇20―1　洋上国家備蓄船

１９７３年の第四次中東戦争でＯＰＥＣ（石油輸出機構）が21％の価格吊り上げで石油が不足するオイルショックがあり、１９７８年9月からは我が国の大型タンカーによる国家石油備蓄が始まった。１９７３年に就航以来、ペルシャ湾を往復していた本船も、１９７９年から１９８２年11月まで潮岬から６００㎞の小笠原諸島西沖合に備蓄船として漂泊。「ちぼり」のほか石油備蓄船は10隻で、川崎汽船からは長崎県橘湾に「富士川丸」23・4万ﾄﾝ（１９８１～１９８３年）、「瀬田川丸」27・4万ﾄﾝ（１９８０～１９８５年）、「信濃川丸」24万ﾄﾝ（１９７８～１９８４年）が投入された。その他に大型タンカー10隻などが提供され、その合計量は５００万㎘で価格８００億円分。国内消費の1週間を支える備蓄量となった。

この備蓄船に乗船していた友人に聞いた話だが、備蓄中の楽しみは船上菜園や魚釣りで、ボートデッキに作られた簡易畑で根野菜、葉野菜を栽培していたそうだ。日当たりが良いのでよく育ち、料理にも使われてビタミン補給源になったとのこと。備蓄要員は3か月ごとに補給のため港に戻って交代していたそうだ。

21 石炭積みでオーストラリアへ

――バラ積み船「たいたん」

7万2399DW$_{トン}$　1万2799馬力
昭和59年1月12日～昭和59年2月22日

先船の荷役遅れで岡山県水島、上水島沖待中（接岸待ち）の本船に日東運輸の連絡ボートで乗船する。ハッチが13もあり長細い感じの本船はバラ積み船で、川崎製鉄の傭船としてオーストラリア、ニューキャスルからの石炭輸送に従事していた。積地では、船混みのため1週間前後の接岸待ちが毎航海あり、釣り道具は絶対に必要だと周囲から言われた。乗船2日後に先船が出港し、本船も荷役のため抜錨しサノヤス造船所前を通過、川崎製鉄原料岸壁に着岸し、2日間の予定で揚げ荷開始。貨物艙から一掴み50$_{トン}$という巨大バケット2基で昼夜次々と石炭が陸揚げされる。当直の合間にサンパンで上陸して消耗品と釣り道具一式を買い帰船する。

水島の街は面白いと感じた。なぜか通り名が三菱自工通りとか川崎1丁目、2丁目などと企業名が付けられていて、分かりやすいと言えば分かりやすいしユニークな通り名だと思った。水島を出港して東豪州ニューキャッスル港へ向かう。南十字星が眼前に迫るころ赤道を越え南半球へ。太平洋戦争中、海で陸で激戦は続いた。

ソロモン海を抜け、サンゴ海を抜けてシドニーの北65海里に位置するニューキャッスルに着く。この港は石炭の積出港で日本の大型石炭船が次々と入港し、港外には3～4隻の石炭船が順番待ちでアンカーを入れている。着岸までの仕事の合間や夕食後に、早速釣り糸を艫（船尾）のデッキから垂らして釣りを始めると、大形のシマアジ、シイラがよく釣れた。海辺で育った人は魚のさばきが上手で、さばいて刺身やギャレイで焼いてくれる人、料理する人、釣る人、飲む人と交代で夜を楽しんだ。

先船が出港して本船の順番となり抜錨する。ハンター川入江から少し上流に巨大な石炭岸壁があり、着岸と同時にシューターからドドーっと石炭を落とし込みの積み荷が始まると数十時間で何万トンもの石炭を積み込んでしまう。終わるとハッチコーミングのハッチ蓋のローラ部分に落ちた石炭を掃除してハッチを閉める。すぐに出港となり再度水島港に向かう。436０海里で約２週間の航海。大阪湾に入り明石海峡の橋の下を通過する。昭和53年に着工され、着々と姿が見え始めた瀬戸大橋の下を航行し、黒ダイヤを満載して水島港に到着。揚げ荷後、定期検査のため川崎重工坂出工場にドック入りとなった。

◇21―1　またも転船命令

そこへ海務部配乗課から転船命令があり、自動車専用船での船員法施行規則第48条の3、船舶技師取得のための機関部員として名古屋に入港してくる「ぱしふぃっくはいうぇい」に転船することになった。急遽荷物をまとめ、昭和59年2月22日坂出で下船し、僅か5日間の我が家での滞在となった。

22 近代化実験船に機関部要員として
――自動車運搬船「ぱしふぃっくはいうぇい」

1万3533・10総トン　1万8千馬力

昭和59年2月27日～昭和59年7月9日

名古屋のトヨタふ頭に接岸し、乗用車を積み込中の本船に乗船する。本船は船員制度近代化実験船だった。船員手帳の雇い入れ項目欄は機関部操機手で本来の職務と全くの反対職となった。愈々近代化船実証の第1歩となった。同時に頭の中も近代化し意識転換の時だと自分に言い聞かせた。

昭和52年、川崎重工神戸工場で建造され、全長192・07m、幅24m、自動車積載台数2600台。乗用車を主体に10層あるカーデッキのうち2層は中型車・産業車区画とされていた。その他5、6番層には大型トラック、ブルドーザーも40～50台積載できるようになっている。

トヨタ車、マツダ車など2600台を積み、一路ヨーロッパに向かった。そのスケジュールは、名古屋港2／27～28、広島2／29、スエズ運河3／16～17、アントワープ3／26、ロッテルダム3／27、ノルウェー・ドラメン3／29、ウオルハム3／30、エムデン4／1～3、オルバニ4／12～13、ヒューストン4／18～19、ガルベストン4／19～20、名古屋5／14だった。

2航海目はスエズ5／31～6／1、シェルブール6／8、アントワープ6／9、ブレーマハーフェン6／11、ポートサイド6／19、スエズ6／20、名古屋7／18、広島7／19だった。

◇22—1　船員制度の近代化船実験と要員訓練

船員制度の近代化とは、現在の高度に自動化された船に見合う少数精鋭の新しい船員制度を構築するためのもので、明治以来100年以上経た船長を頂点とする縦割りのピラミッド型船員社会を、船長を核とした新しい船員制度に作り上げる革命と言われる。

この新しい船員制度近代化実験船となっている本船は近代化船の乗組員構成を18名船とし、後に16名船、14名船と段階的に定員を減らしながら制度改革していくということで、甲板部、機関部を一元化して船舶技士とし、航海士を機関士の両用化して運航士にする従来の職種を超え、少数精鋭化する制度であり、将来的にはパイオニアシップと呼ばれる11名船構想だった。

◇22—2　海技免状と資格

海技免許には海技士（航海）1級海技士から6級海技士、船橋当直3級海技士、海技士（機関）1級から6級、その他内燃機関、海技士（無線部）1級から3級通信、小型船舶操縦士免許1級から3級がある。自動車船、重量物船、タグボート等の乗船のために自分が取得し携帯していたのは海技免状の他、船舶技士証、無線従事者甲、無線従事者レーダー、車両系建設機械、大型特殊免許、フォークリフト、玉掛、はい作業主任者、その他に船員手帳、米国上陸許可書（グリーンカード）を携帯していた。大型特殊免許については自動車船で、ホイールローダー、ラフタークレーン、ブルドーザーなどの特殊車両を積み込み航海中に何かトラブルが発生した時のため、それらの車両を動かせる乗組員が必要だったのだ。

反対職の機関部として雇い入れされ、機関部要員として訓練を受けるための乗船であった。船長に研修の挨拶をして、椎木機関長、一等機関士の指揮のもと停泊中の当直の計画書をもらい、早速、和歌山出身の西畑卓男三等機関士からは待ったなしの実務指導を受けることになり、僕が下船するまでの間、機関部作業全体から補機の取り扱い説明・技術的なことまで事細かく教えてもらった。停泊中の発電機運転と点検からボイラー点検、清浄機の分解手入れ、ポンプ類の発停と点検、油の計測や当直中の機器のチェックリストに沿っての順路とチェックポイントなど機関室内から空調設備、食糧倉庫用冷凍設備までのありとあらゆる機械設備の実務をひとつひとつ研修していくのであった。

一等機関士は主機、二等機関士は発電機とボイラー、三等機関士は電気系統、空調設備、冷凍機などと担当が決められていて、それぞれの機器の運転と点検・整備を機関部員と一体となり仕事をこなしていくことになった。これらの実務研修を3か月間で受けていくことは容易なことではない。

旋盤でボルト、ナットの作製まで習得するので、時間外に工作室で練習をしていると当直の恒田和夫操機手が来て「たいへんやね」と声をかけてくれ、丁寧に旋盤のコツを教えてくれたりもした。機関室は全ての機械が作動しているため高温、高熱、高圧な機械ばかりなので危険との隣り合わせだと注意を受ける。そして機関室無人化のMＯチェックの機器、計器リスト表に沿って２５０か所の点検も毎回同行して覚えていく。騒音と室温45～50度のエンジンルーム内からシャフトトンネル内ボートデッキの冷凍機室まで1時間30分かけてチェックしていくのは夜間の機関室無人化するための大切な仕事だった。

今までは船の甲板上での静かな海の上での仕事が一転して、エンジンルーム内の色々な機械の複雑な音の中での仕事は天地の差であった。

昭和52年に建造されＰＣＣ（自動車専用船）とも呼ばれ、機関室は船尾方向にあり船橋は船首部分にある。自動車の積み込は船側横の開口部ランプウェイと呼ばれるところから荷役会社専用ドライバーが5人、ラッシング要員7人、交通整理2名の14名1チームが4組で行われるが、1チームが1時間に約１２０台を積むので4チームで1時間５００台積み込む。

早速、機関部訓練のため出港前の発電機の起動と並列運転の方法などから始まり、コンプレッサーのタンク圧計測から清浄機運転、燃料油、潤滑油、冷却水の発停、焼却炉の扱いと焼却物の回収処理を教わりながらの航海だが、特にしんどい仕事と感じたのが清浄機の分解手入れだった。C重油98℃、A重油40℃、L／O80～90℃に加熱されたパイプが通っている周辺を何台も運転中の清浄機脇で停止中の清浄機を分解して整備するのだが、ディスク（分離板）についた油を比重差と遠心力で分離された後の百数十枚あるディスクについたスラッジと油分の固まりや板の損傷を一枚一枚チェックしながら石油で洗ってピカピカに磨き、それを再度組み立てていく仕事だが、周囲の熱気と騒音で汗まで搾り取られるようなハードな仕事だった。

主機や補機が大きければその分、低粘度燃料油に対応したギヤポンプの清浄機台数が増え、それらを定期的に点検分解していく作業は遠心分離機で回転する分離板の枚数が多い。1日に1台か2台を分解手入れ復帰するのがせいぜいで、非常に手間暇かかる仕事だった。また、燃料油も粘度が高いために熱して粘度を低くし、爆発するようにしてシリンダー内部に送るため燃料油ヒーターがある。それらの熱と主機の熱、作動中の全ての機器から発生する熱でエンジンルーム内は排熱用ファンや機関室上部スカイライト（開口部）から熱を逃がすように工夫されているが、それでも熱気は場所によって50度、60度にもなることがある。

水分補給のために機関室内にも冷たい水が飲めるようにウオータースタンドが設置されていて、居住区の各階通路にも置かれている。その飲料水は陸上から取り入れ、清水タンクに溜められた水道水を使用しているが、雑用水は機関室の造水器で真空下40℃で海水を沸騰させ、その蒸気を冷やして蒸留水にして使用している。1日に18～25トンの蒸留水が作られている。こうして煮沸して作られた水にはバクテリアがいないので飲料水には適さないとして日本船では使われないが、北欧の船では飲まれているという。

今までの広い海を眺めながらの仕事から一転して、主機と補機の運転音と油と排気ガスの中での仕事はかなりきついが、これも時代の流れで人員を減らし合理化が進んでいく中で日本の海運が生き抜くための一歩であり、甲機両用化のスタートの一員として頑張らなければならなかった。

ノルウェーのドラメンはオスロから40㎞の距離にあり、ドラメンセルベ川の上流にある。この時期は一面雪だらけで岸壁のエプロンだけが除雪されていた。3月29日08：30時に入港し、60台の車を陸揚げして16：10時に出港した。

積雪のノルウェー・ドラメン港

4月1日、アメリカ向けドイツ車の積み込のためエムデンに入港する。翌日がナショナルホリデイで荷役なしということで、代理店に観光バスを手配してもらい、鉄の街クロッペンブルグ市とデトモルト市のフェニックス製鉄所跡とロンベルク公園の見学に出かけた。バスはオランダに近いR31号線を経由し2時間程で到着。先にレストランでビールとソーセージ、パンというランチを頂き、巨大な跡地を見学するが、「鉄と血は国家なり」と言ったビスマルクを思う。以前は鉄と石炭の街であり、またビールの生産も盛んだったとか。それにしても行く道の街並みの建物と立木の風景は日本の風景とは全く異なり、ドイツ風と感じる。こうして観光できるのも我々にとって一時の息抜きの時を与えてくれる。

翌日ドイツ車Audi、BMW、Mercedes-Benz、Porche、VW車を積み込む。甲板部では積み込まれた車の点検は一台一台の固縛ベルトの締め具合や、留め具にしっかり留められているか、車同士の間隔が前後30㎝、左右10㎝の位置か、車に傷がないかなど1時間当たり120台程積まれてくる車を同時に点検していく。高さ1m65㎝のcar deckが10層あり、ランプウェイからドライバーが次々とアメリカ向け高級車を積み込んでくる。やはり安全性、性能トップクラスのドイツ車はデザインも個性的に思える。400台を積み込み出港、一路ニューヨークに向かう。

◇22―3　汚水処理

1973年、IMCO（政府間海事協議機関）で汚水排出規制が採択されたことで、米国領海内に入る全ての船舶に米国コーストガードが承認した装置を備えないと米国領内に入ることを禁止された。その認証を受けた船内汚水処理装置（SEAWAGE TREATMENT SYSTEM）を西端さんと担当することになった。この装置は、処理タンク内でバクテリアや化学薬品で汚水処理したうえ、規定排出基準以下にして船外排出する装置である。また洗浄水循環方式MSDとなっていて、トイレからの汚水は多孔ベルトによって液体と固体に分離され、液体はタンクでケミカル処理して脱色し、さらにトリートメントタンクで第二次の科学処理されて殺菌脱臭し、自動洗浄フィルターを通しポンプで洗浄水としてトイレに再循環される。

一方固体はタンク内で殺菌されてグラインダーポンプにてスラッジタンクに送られ、タンクが満杯になるとスラッジポンプにて規制水域外で船外排出される。機械本体は１・７×１・０×１・８のボックス型で穴の開いたコンベア上で液体と固体すなわちウンコをセパレートするのだが、これが上手く機能せずに固体が穴を塞ぎ、目詰まりして液体が流れ落ちず、しょっちゅう警告ブザーが鳴る。そうなると固体人糞の除去は人の手でやるしかない。ゴム手袋をはめ、マスクをしてのウンコ処理機械作業と整備には、僕達は苦労したものだった。

ドーバ海峡を抜け３５８０マイルを約８日間、西へ航海する。ニューファンドランドのセントジョン沖合から６０４km付近の沖合付近からは最大の注意を払い当直に入る。この海域の海流は暖流と寒流がぶつかり合い、海霧が発生しやすい海域で、４～５月には流氷群が多い。有名なタイタニック号（４万６３２８総トン）が１９１２年４月10日にサザンプトン港を処女航海で出港し、22ノットのスピードで14日氷山に衝突、４月15日沈没して１５１３人の犠牲者を出したのもこの海域である。生存者７０６名の中で唯一の日本人がいた。当時、鉄道院副参事の細野正文さんで、音楽家ＹＭＯのギタリスト・細野晴臣《はるおみ》さんの祖父にあたる人である。まさに今の航路筋は72年前のタイタニック号と同じコースであり、複雑な気持ちでニューヨークに向かっての航海だ。

ゼロヨン直（０～４、12～16時）の杉山重三・二等航海士とレーダーや双眼鏡での見張りを厳重にし、緊張の海域での当直で、キャプテンも時折ブリッジに来て海域の気象状況をチェックする。夜間当直では風が強く船首方向から7〜8mの大きなうねりが押し寄せ、ブリッジが船首にあるため、まるでジェットコースターのように船体がアップダウンの繰り返しで、プロペラのレーシングと無人機関室の警報ベルが頻繁に鳴る。その都度パネルで警報部分を確認してトランシーバーを持ち、エレベーターでエンジンルームまで降りて警報の鳴っている機械の点検を行う。自分で処理できない場合は当番機関士を起こして一緒に処理し、警報解除してブリッジに戻り、そのうえで航海当直に戻る。

以前何度もニューヨークには来たことがあったが、ヘンリーハドソン川を上流に航行しているとは思っていなかった。アルバニーに向かう途中、左舷側に名門ウェストポイント陸軍士官学校が見える。ニューヨーク州都アルバニーに4月12日に入港する。240台を揚げ荷し、翌13日出港。最後のヒューストン港にて最後の160台の車を揚げ切り、パイロットも乗船して4月19日06：30時に出港。ガルフ湾に向けヒューストンチャンネルを航行する。

◇22―4　プッシャーバージと衝突事故

岸壁を離れてから自室に戻り、一息入れ少しウトウトしかけた09：30時、突然ドーン、ズズズーと衝撃があり、エンジンが止まり全速後進に変わった。この時点ではブリッジ内も機関部もスタンバイ中で、船首にも緊急時に備えて甲板長以下3名の甲板部員が前方監視とウィンド

衝突後の損傷修理

ラス操作に配置されている。甲板上に出て船首の方を見ると、後30分程で広い湾に出れるというところで、入航中のプッシャーバージと衝突。バージは1番・２番のジョイントが破損し、幅１１０ヤードのチャンネルに真横になっていた。本船は船首右舷海面から高さ５ｍ、ステムから２ｍ後方まで真横に７㎝幅の亀裂が入っていた。さらに後方に数十㎝の傷穴があった。急遽ガルベストンに緊急入港し、応急処理で鉄板を当て溶接、塗装を終えサーベアの検査を受けて帰路に就いた。

パナマ経由でロスアンゼルスに寄港してバンカーを取り、名古屋に寄港。広島へ向けて来島海峡、響灘を航行する。

船舶の通航ルールを定めた「国際海上衝突予防法」では、海上では右側通行が原則だが、来島海峡では世界唯一特殊な航法がとられている。来島海峡を通行する船舶は潮流に乗って航行する場合（順潮時）には馬島と中渡島の間の中水道を、潮流に逆らって航行する場合（逆潮時）には馬島と四国側との間の西水道を航行する。これを「順中逆西」と覚え、世界でも例のない変則的な航法となっている。瀬戸内海の明石海峡、備讃瀬戸、来島海峡を通狭する1万トン以上の船舶は強制水先区となっていることからパイロットを乗せなければならない。

再度ヨーロッパ向けの車を積んで1航海、船舶技士養成訓練も無事に終えて、昭和59年7月9日、広島港で下船した。

23
船舶技士の資格で
――石炭専用船「瑞川丸」

13万3592DWトン　1万4千馬力
昭和59年10月7日～昭和60年6月27日

昭和57年8月、神戸川崎重工で建造された長さ270m、幅43m、13・5ノットの近代化船に水島で乗船した。川崎製鉄原料岸壁に接岸荷役中の本船に日東運輸の通船で乗船、早速交代引継ぎを行い、ハッチ開閉装置やデッキクリーニングマシンの取扱い等を教えてもらう。

本船は近代化実証船Aとして細山田船長以下18名で運航されていた。船長、通信長、機関長、一航士、二航士、一機士、二機士、運航士2名、海技士6名、司厨部員3名で構成される。エンジン制御室も船橋に配置され、機関無人化となっている従来Mゼロ船23名だったが、近代化実験が始まるとA船18名、B船16名、C船14名とステップアップして、パイオニア実験船11名へと移行される。その第1段階の実証船となっていて、クルー一同がその認識をもって勤務していた。その後実験は段階的に進み、昭和62年4月に川崎重工坂出工場で竣工し、カリフォルニア航路に就航したコンテナ船「まんはったんぶりっじ」が実験Cを経て、昭和63年7月に乗組員11名のパイオニアシップが誕生した。

◇23―1　船舶技士の機関部当直維持作業

船舶技士となった機関部当直作業の概要に触れてみる。

朝の8時から機関室に入るとV型14気筒の主機があり、毎分65回転している。ボイラースートブロー本弁を開き、コンバスターバーナスイッチを手動にする。スカイライトを開けて工作室クーラを回す。次にスラッジタンクドレンを切り、船内ビルジは全て一旦プライマリタンクを通り、ビルジタンクからセパレータを通し船外へ排出する。ビルジウェル排出しながらFOドレンタンク、FOオーバフロータンク、ビルジタンク、ビルジセパレートタンク、スラッジタンク、FOセブオールタンクの等の計測を行い、09：45時から発電機の温度計測、各LOタンク、ロックアームタンク計測。11：30時になると各FOタンク、フローメーター、造水量の計測して昼食休憩。13：00時から機関室各所を見回りして、J.C.W.EXPタンク、ノズル、補機C.W.タンク計測と補水、FO清浄機入口、主ブースタポンプ入口のストレーナー掃除、エンジンルームプレート油拭き掃除。15：30時からMO（夜間機関室無人化）チェックを開始する。エンジンルーム内の機器全てと食糧保管の冷凍冷蔵庫、ボートデッキの冷房装置、シャフトトンネル内、操舵装置などを含め百数十か所をチェックリストに基づいて1時間20分位かけて確認して回り、異常がなければ17：00時に機関室無人化に切り替えて1日を終わる。

非当直者は燃料ポンプの分解手入れ、主機、発電機のノズル手入れ擦り合わせ、清浄機の分解手入れ、各種ポンプ、フィルター取り換え手入れなどを行う。

水島での揚げ荷は大型のバケットで昼夜問わず石炭を揚げ、最後にブルドーザーを艙内に降ろし、ボットムの石炭を一か所にかき集めてそれを掴み取り、それで荷役終了となり、ハッチを閉めて即出港となる。明石海峡から大阪湾に出て友が島を抜けるともう大洋航海となり、甲板上の石炭揚げ荷で汚れたデッキのクリーニングを行う。

石炭の積み込み

従来デッキ上の貨物の粉末、小さな固まり、ゴミや汚れは甲板部員がワッシュデッキでエンジンルーム内の海水ポンプを起動し、船首から居住区、船尾まで張り巡らされている海水パイプラインのホース取り口からホースを引っぱり回しながら、船首から移住区、船尾まで1時間かけて洗い流していた。ところが本船では甲板上に並んで取り付けられている洗浄マシンがスイッチボタン1つで一気にデッキ上を自動的に洗い流す。客船等の入港時に消防艇が行う歓迎放水よりもすごく見ごたえのある放水だ。

航海は1週間過ぎると赤道付近の南の海へ。次々と来るスコールでレーダースコープには雨雲が前後左右に映し出されている。ニューアイランド島からソロモン海へ抜け、コーラルシーからグラドストン港に着くまで行き会う船はほぼ専用船で、コンテナ船や貨物船のようにスマートな船体が白波を蹴立てていくのではなく、水泳の平泳ぎのように海をかき分けて泳ぐように見える大型船ばかりだ。

◇23―2　ヘリコプターで乗船

本船は川崎製鉄向けの石炭を毎回7万トン以上、オーストラリア・グラドストン港かニューキャスル港で積み、千葉川鉄もしくは水島川鉄へ運んでいる。コンデションによっては10万～13万トンの石炭を積んでいた。グラドストン港へ向かうには、グレイトバリヤーリーフのHydorographas Passege（ハイドログラファス・パッセージ）の航路帯を通航する時にはパイロットが乗船してくるのだが、世界でも類のないヘリコプターで飛来してくる。パタパタと回転翼の音が遠くに聞こえたと思ったら一瞬の間に本船7番ハッチ上に描かれたHのマークにタッチダウンして、パイロットが降りたら間を置かず飛び去ってしまう。それは映画の中のワンシーンのように見える。

ヘリコプターでパイロット乗船

グラドストン港へ到着したが、港湾労働者のストライキではなく電力ストで石炭積み込用のローダが動かせず、接岸出来ずに沖待ちとなった。その間、煙突、ハッチカバーの錆打と塗装、救命艇の点検整備と実際に降下させる訓練、エンジン始動と航走テストなど普段出来ない作業や訓練を行った。

オーストラリアのストライキは実に多く、気温が35℃になると暑すぎると仕事をやめる、風が強く内陸部から砂が飛んでくると仕事をやめるなど口実を作り、休んだりストライキしたりでなんとも言い難い労働者天国だ。ストライキが解け、港外錨地から狭い水路幅を縫うように2時間かけて石炭岸壁に接岸し、9万トンの石炭を積み込んだ。

◇23―3　船内レクリエーション大会

石炭を満載して水島港へ向け航海中の12月1日、赤道上でレク大会が開かれた。会場は船橋前の縦横15mずつある日射しが強い9番ハッチカバーの上で、船橋当直者1名を除いた17名で、午後の2時間を日焼けしながら「輪投げ」「空缶釣り」「数字ゲーム」など童心に帰って遊ぶ。

缶釣りゲームは制限時間内に釣った缶の数とその缶の裏に書いてある数字の合計が勝者となるので、ただ缶を多く釣っても勝ちにはならない。3つの総合順位で優勝者が決まり、夕食の鍋を囲みながらの順位発表では、レク委員長の筒井二航士が会社支給のレク費用で日本停泊中に買いに行った置時計、腕時計やシェイバー、小型扇風機、サングラスなどの景品が全員に行き渡るように配られた。食堂も近代化船らしく職員・部員一同で会食できるように一室にまとめられ、スモーキングルーム、歓談室なども分け隔てなく使えるように同一階にあり、その窓も四角くて広い眺めが出来るように作られていた。

翌年もレクリエーション大会を開催した。この頃「ぶら下がり」が流行っていた。災害防止協会の標語に「〝ギクッ〟ときたらもう遅い。守る日頃の腰痛体操」もあった。競技の1つ「ぶら下がり耐久レース」は、年齢プラスぶら下がり時間の組み合わせで、最高ぶら下がり時間は船舶技士の土佐出身の野田さんで、3分01秒だった。この優勝タイムが長いのか短いのかわからない。あとで体重をハンディに加算すべきだという声も上がった。もう1つは「じゃんけん勝ち抜き戦」で、これは先に景品を張り紙してあり、その景品獲得に向けて真剣にじゃんけんで勝負するという単純素朴で無邪気なゲーム。されど勝ち抜き戦、地位も名誉もこのさい忘れて「じゃんけんぽん」。さてこの勝ち抜き戦でバッタバッタと相手を切り倒してチャンピオンとなったのが一航士の池田さんだった。

レクレーション大会

石炭の揚げ荷は製鉄所のため荷役時間が短く停泊日数も少ない。かつ不便な場所で上陸する時間がなく散髪にも行けない。クルーには散髪道具を扱える器用な人がいて、レクリエーションルームやボートデッキで散髪してくれる。そういう人は他人の頭が気になるらしく「散髪しようか」と声をかけてくれ、内地入港前に散髪を済ませ、すっきりして内地入港の気分を高める。

この頃、社内提案制度があって運航士の指宿さんが中心になり、DPC（船舶技士）の小田さん、辺見さんなどと共同で「船舶技師用実務マニュアル」を作成提案し、三等賞に入賞した。反対職の仕事の共同作業を行うにあたり統一されたマニュアル作成を手掛けたのが高く評価され、千葉入港中、海務部の町田部長より表彰状授与式が行われた。

これまでグラドストン・ニューキャッスルでの積み荷が多かったが、珍しく3月にカナダ・バンクーバーでの石炭積で太平洋を東に向かうことになった。今まで南太平洋の時化の経験ない南への航海で、たまにトビウオがデッキに飛び込んでくるくらいの海から、北太平洋の荒波にもまれての航海を経験することになった。千葉で揚げ荷後さらにオーストラリアへ1航海して昭和60年6月27日、千葉で下船した。

24　久々のニューヨーク

――ニューヨーク航路・コンテナ船「べらざのぶりっじ」

3万9153総㌧　燃費200㌧／日　8万馬力
昭和60年8月30日～昭和61年3月14日

昭和60年（1985）8月3日、東京港にてニューヨーク航路のフルコンテナ船に当直部員として乗船した。当時のニューヨーク航路のコンテナ船の動静を参考までに紹介すると、如何に港々をめまぐるしくスケジュール通りこなしているか分かるだろう。コンテナという箱を積んで揚げて、積んで揚げて、その繰り返しとなってしまった。

東京8／3～4、パナマ運河8／22～23、サバンナ8／27、ニューヨーク8／29～30、セントジョン9／1、フィラデルフィア9／5～6、ノーフォーク9／6、サバンナ9／7～8、パナマ運河9／11～12、ロングビーチ9／18、東京10／1、清水10／2、名古屋10／2～3、神戸10／4～5、名古屋10／6～8、清水10／9、東京10／10。

全長264・50m、幅32・20mでパナマ運河を航行する際、両舷の余裕が2フィートしかなくこれ以上の大きな船は通れない。このような大型船はパナマックスと言われている。

太平洋側バルボアからガツン湖を経て大西洋クリストバルまで95㎞、ガツンロック3段、ペドロミゲルロック1段、ミラフローレスロック2段を通航して、その積み荷航海料金は1パナマトン当たり1・67ドルだというから片道1500万円になるという。コンテナの積載数が艙内1056個、甲板上852個、合計1908個（TEU）、4万馬力のディーゼルエンジンが2基の2本プロペラだ。

コンテナの中は港によって貨物に特色があり、神戸ではテキスタイルや白物家電、カワサキのオートバイ・ジェットスキー、名古屋では自動車部品、瀬戸物、清水ではヤマハオートバイ、ミカン缶詰などと地場に関連した貨物が見られる。最後の東京港では千葉の鋼材、化学品、ソニー、ホンダの車部品などが詰め込まれたコンテナを積み、一路ニューヨークへ向かう。パナマ運河入口のバルボア沖まで19日の航海。

パナマ運河を通過して大西洋側クリストバルに出てカリブ海を抜け、サバンナまで3日。この港のパイロットはリバーパイロット1名、ドックパイロット1名が乗船して約3時間でガーデンシティ・コンテナターミナルに接岸し揚げ荷する。そして2日後、ニューヨーク、ベラザーノナロウズブリッジをくぐり抜けて、久々に自由の女神像を見ながら右に大きく舵を切る。アッパーベイからニューワークベイに入り、コンテナ岸壁に接岸して日本からのコンテナを降ろし、そして積み込んでいく。一昔前の貨物船時代の石炭積はないが、数十時間単位のコンテナ荷役で上陸時間はない。

荷役中は揚げ積の具合で船体を常に水平に保つため、傾きを調整するヒールタンクやバラストタンクがある。因みに本船の持つタンクは清水タンク2205トン、バラストタンク6758トン、ヒールタンク1052トンの清水・海水タンクがある。バラストポンプ容量は1時間300トンの海水を張ることができる。

タンカーや鉱石、石炭船なども積地に向かう空船航海では大きな鉄の箱が海の上を航海するようなものなので、船を推進させるスクリューが海面より浮き出てしまうために空の貨物艙内に海水を張り喫水を深くしてスクリューが海中で推進を得られるようにする。揚げ荷が行われると同時にバラストを漲水して船体の浮き上がりを調整していくのも荷役当直中の大事な作業である。

コンテナ船ではガントリークレーンでコンテナを次々と取っていくと船体が傾いてしまうので、ヒールタンクで調整し常に船体の水平を保っていく。荷役当直中はこの船体の傾きの調整も大事な仕事だ。

コンテナ船の時代となってスケジュールが優先されるようになり、停泊と荷役時間はコンテナという箱に入った貨物の積み下ろしだけのために極端に短くなった。そのうえ航海中のエンジントラブルを最大限防ぐように機械性能がアップされ、乗組員も教育されて少数精鋭主義となった。本船には商

セントジョン港でのクリスマス

船大学を卒業し実務経験もある航海士・機関士の２名が近代化両用訓練のために乗船していた。人が機械を動かすのではなく、機械に人が動かされる時代となってきた。在来船の時代のように荷役も天候に左右されることなく貨物が３６５日輸送される時代となった。人間の個性が生かされなくなり、人が機械をコントロールしたのが逆に機械に人がコントロールされるようになったため船乗りの醍醐味がなくなってしまった。

◇24―1　宝くじで夢を買う

そんな短いニューヨーク停泊中に船食屋（シップチャンドラー）の近藤さんがロットー48、一等賞金２５０万ドルの購入希望者を募って買ってくれるとのことで、愛好者で12月入港時、C／O：藤原さん20口（18・18％）、２／O：樹さん50口（45・45％）、他メスルームボーイの堅田さん20口（18・18％）、新村さん10口（９・09％）、小生10口（９・09％）の５名で１１０口を購入した。

くだらない計算かも知れないが、仮に２５０万ドル当選した場合、分配金が比率からC／O：９０９０万円、２／O：２億２７２５万円、堅田さん９０９０万円、新村、寺村が４５４５万円となり、取らぬ狸の皮算用とはいえ、ひとしきりこの話題で楽しませてくれた。結果については、船は航海し移動しているので、船食屋が後日サバンナ港宛てに連絡してきた結果、残念ながら全員はずれだった。当選しても70％位税金で持って行かれるとのことだった。

◇24―2　1枚の記念写真の中から3人の社長が誕生

この頃には昭和初期から船に乗っていた先輩方が定年を迎える年代となり、毎航海、定年退職される方がおり、帰りの航海ではその苦労をねぎらい功績を祝っての送別会が太平洋上で日本到着前に行われた。僕は当時、航海当直者として目的地に着くまで決められた時間をブリッジでペアを組む航海士や訓練生と仕事をしていたため、当直時間上がりに途中から参加するケースが多かった。

そんな中で記念写真を撮り、非番の者が名残を惜しみながら酒を飲んで昔話に花を咲かせた。その1枚の写真に24名が参加していた。近代化訓練生、機関士の渡部隆史、航海士の門野英二さんも参加していた。そして数十年後、そのうちの2名が会社トップとして誕生したのだ。記念写真から後に門野船長となり、三十数年過ぎて川崎汽船の船舶・造船技術・先端技術部門の専務執行役員に抜擢され就任。さらに2019年4

定年退職者の送別会
後列左から２人目：門野航海士、同右から２人目：渡部機関士、同右から６人目：筆者

月、ケイラインローローバルクシップマネージメント㈱の代表取締役社長に就任した。渡部機関長は川和会会長などを経た後、２０１９年にケイラインエンジニアリング㈱の社長となった。また寺村当直部員は「とらんすわーるどぶりっじ」下船後、国際港運で12年間働き、退職後１９９８年８月、大阪市天王寺区にて起業。㈱日本プロジスティックス代表取締役社長に就任した。２０１２年退任し、後任に長男寛文が就任（巻末の「寛文の誓い（10歳）」参照）。実に１枚の写真の中から３名の会社トップが誕生したのだ。

25　プロパンガス・ブタンを運ぶ

——液化石油ガス運搬船「くりーんりばー」

5万1894DWトン　4万2678総トン　1万4770馬力
昭和61年5月22日〜昭和61年8月27日

乗船前にLPG船の社内研修を神戸布引研修所で受ける。新幹線新神戸駅の目と鼻の先で新生田川のほとりの神戸中央市民病院の隣にあり、当初は海上従業員の寮として建てられた4階建て鉄筋ビルで船員再教育の場でもあった。

昭和61年5月22日、茨城県鹿島港にて船舶技士で乗船。特異な操船性、安全性を取り入れた通称「ガス船」で可変プロペラが採用されている。

LPGはマイナス43℃の貨物。ブタンがマイナス3℃の液状。LNG船がマイナス160℃の違い。蒸発したガス再液化装置など。コースは7週間、4週間、3週間コースとなっていて、3週間コースを受講して乗船することになった。

鹿島5／22〜24、ラスタヌラ6／14〜15、鹿島7／6〜7、ラスタヌラ8／1〜2、アムセイド8／3、川崎港8／27。

乗船中、下着以外は全て社給品となり、船内服、靴下、靴まで静電気防止仕様を支給される。

ナイロン製の下着、化繊は禁止で木綿と規定されている。それらを聞き学ぶと何となく不安以外に何もなく、爆弾を抱えた船に乗船するような気分になる。しかし乗船して周りの人の話を聞いていると、こんな安心安全な船はないことが分かって来た。ガスを液化させタンク内に密封されて運ばれるからタンカーより安全だと言う。

液化プロパンガスとブタンガス４万３５００トンを揚げ荷後、イラン・イラク戦争中のＵＡＥのルワイス港、サウジアラビア国ラスタヌラ港へ向かう。伊豆諸島間を通り沖縄東岸を南下。バタン海峡、南シナ海、マラッカ海峡、インド洋、アラビア海オマーン湾を経て積み荷のための予冷が始まった。

ホルムズ海峡を6月10日に通過。緊迫した情勢下のペルシャ湾に入る。イラン軍による船舶攻撃多発海域であり、船側とデッキ上に大きく〝日の丸〟を描いて国籍が遠くからでも判明出来るようにして航海する。しかし、僕は船体に描かれた日の丸は夜間は見えないし、赤い丸は攻撃の照準はここですよと教えているようで気休めに思えた。さらに日本とイランは友好国として船舶で攻撃をしないと言及されていた。

しかし、この1年後の9月、「日晴丸」「ウェスターンシティ号」がイランの小型艇の攻撃で被弾した。ドバイ沖でも「アーチェリー号」がロケット砲を打ち込まれ炎上廃船となる事件もあった。自国の商船護衛のため英米伊などは艦艇が派遣されていたが、我が国は法律論争ばかりで何の支援もなかった。我々商船は無防備で何の支援もなくそれでも物資の輸送を続けている。

東経51度30分~東経54度間は夜間航行とされているため不要の光源を消してブリッジと船首に臨時の見張り員を配置しての航海。機雷危険海域を避けながらUAE、カタール沿岸、ドーハ港沖合を航行しバーレーン沖合を通過。ラスタヌラ港に6月14日入港し、LPG3万4千㌧を積み、翌日日本へ向かう。7月6日~7日、鹿島港で揚げ荷。乗船2航海目のインド洋は季節風（モンスーン）が強くて、毎日強い西南の風が吹きつけるなかガス置換の仕事でかなり苦労する。

本船には5つのタンクがあり、①と⑤番タンクはブタン専用タンクで残り②③④番タンクはプロパンタンクだが、今回荷主の出光興産と伊藤忠商事のオーダーでブタンガスの積高が多く、③番タンクにブタンガスを積めるようにプロパンからブタンに置換する必要性があった。タンク内ガスを分析しながらタンク内のプロパンガスを追い出してブタンガスを積む準備作業は緊張の連続だった。

積地も二転三転して、サウジアラビアのラスタヌラとカタールのアムセイドの2港積となり、荷主との契約が8月1日積、ラスタヌラということでペルシャ湾入り口のホルムズ海峡手前で漂泊。その夜は最後の晩餐というわけではないが、たらふく胃袋に納める。湾内諸国はアルコールが禁止で酒類はストアにシールされる。船橋の神棚のお神酒までシールするお国柄なのだ。

湾内航海の安全を祈って暫くアルコールとお別れの酒宴となる。さらに「ホメイニさん、何卒よろしくお手柔らかにお願いします」と本気とも冗談ともつかぬお祈りをし、無事積み荷が終わりペルシャ湾を後にするときは、「ホメイニさん有難う」の酒宴となる。夏場の気温40～45度の中、噴き出す汗も一瞬に乾くような甲板上の作業が終わった後で冷えたビールが飲めないのはどんなに辛いか体験しないと分からないだろう。日程調整した後、ペルシャ湾危険域を夜間航行。8月1日、ラスタヌラに入港した。

我が国はＬＰＧの80％を海外から輸入し国内生産は原油精製時に発生する国内生産分20％に過ぎない。その80％の輸送に加わる本船の乗船。研修で受けたガスの基礎から運航までびっしり勉強したと言っても、実務はそう簡単なものではないということはタンカー「ちぼり」乗船で十分わかっていたが、さらにそれ以上だった。

タンク容量8万㎥の本船だが、運ばれるガスは液化されるとその体積も気体の時に比べてプロパンで３００分の1、プロパンで２４０分の1となるのでこうした専用船で運ぶのだ。本船のホールドスペース、その中にカーゴタンクが搭載されていて、タンクとホールドスペースの間の空洞部分にはイナートガス（不活性ガス）で満たされ、万が一ガス漏れがあっても安全を保たれている。

タンク内は防熱材で囲まれているが、積地の中東から日本に輸送する間に液化ガスはどんどん気化する。放置しておけばタンク内の圧力は安全弁の設定圧に達して安全弁が開きガスを大気放出するので、そうならないようにそのガスを回収してもう一度ガスを再液化装置にて冷やしてタンクに戻す。

再液化装置を運転すると電力が作動していない時が５００kWであるのに対して作動中は１５００kWとなるので２基の発電機を並列運転することになる。コントロールルームでは荷役装置はもちろん船内電力の監視までもう全く気の休まる時間がない。神経が高ぶっているのかぐっすりと眠れない日々だった。

日本を出港して18日間の航海は積地のカタールのアムセイド港まで緊張の航海が続く。８月３日、港に入港すると陸上側とパイプを繋ぎ、陸上のタンクで冷却され液化されたＬＰＧを陸上ポンプで本船のタンクに送り込んでくる。夏場の中東では陸上側のタンクとの距離が離れているとパイプラインの途中で温度が上昇してしまうことがあるため、マイナス42度のはずがマイナス37度になっていたりする。するとタンク内の圧力が急上昇するので再液化装置を運転してタンク圧を制御する。このためコントロールルームは流量調整で緊張の連続となる。約40時間で積み込むことができる。揚げ荷は本船のポンプで陸上側に送って揚げ荷となる。航海は行きも帰りも精神的に苦労の連続でもあった。昭和61年８月27日、川崎港で下船。

＊【関西新空港建設】

配乗課長から１通の手紙が届き、空港建設に伴う海上保安庁船舶航行監視塔へ出向することになった。和歌山の加太、大阪府阪南、淡路島から採取される土砂運搬船の監視で、必要条件としてレーダー監視者のための特殊無線技士と無線電話甲の免許が必要とのことで、近畿電気通信監理局で講習を受けて資格免許を取得することになり、受講して10月に免許証を得た。出向先は岸和田海上保安庁で11月頃から開始されるとのことであったが、労働条件や給与などについて交渉していたらしい。ところが埋め立て工事の概要が決まらないために棚上げとなった。

一方、土砂運搬船等の洋上監視船の派遣問題も併せて取りざたされていて、こちらは具体的に日東運輸のタグボートと乗組員が派遣されることが決定していた。このタグボートには数名が派遣された。

26　少数16名船
――カリフォルニア航路・コンテナ船「ごーるでんげいとぶりっじ」

3万4837総トン　燃費57・4トン／日
昭和61年10月20日〜昭和61年12月4日

同級生の安部君がワッチオフィサーで乗船していたが、サンフランシスコ湾入港前のパイロット乗船の準備でアンダーパッセージ・サイドポートのドア開閉とジャコブスラダーの準備をしていた時、オープンしたサイドポートに本船が大きく左舷に傾くと同時に大きなうねりで海水侵入を受けて飛ばされ、打撲事故で病院に運ばれ緊急下船した。予備交代要員がいないということで、1航海だけの乗船となった。1代目は1万6911総トンでコンテナ716本、冷凍コンテナ24本、2代目はコンテナ2069本、冷凍コンテナ212本のコンテナを積める仕様に大型化され、さらにその後の3代目は6万8667総トンでコンテナ5600本、冷凍コンテナ500本を積める巨大化船となっていった。

東京で乗船、名古屋、神戸、高雄、香港、釜山を経由して11月11日に180度（日付変更線）を越え、11月17日、ロングビーチ自社ターミナルに着岸した。着岸と同時に主機のピストン抜き、補器の整備、救命艇の点検、食料品の積み込みで多忙を極める。

◇26―1　お土産はオレンジ

食料品の中には乗組員の土産用のオレンジ、グレープフルーツ、アイスクリーム、チョコレート、牛肉などトラック1台分もあり、プロビジョンクレーンで積み込を行う。慌ただしく時間が過ぎ、荷役もそのうちに終了して出港となる。

ロングビーチでは停泊時間が短いので、2つの業者が船内で店を開いてくれて衣類とか雑貨類（スポーツ用品、香水や化粧品、ジッポーライター、ベルト、コイン）、貴金属が並べられる。欲しい物があれば本店まで車で連れて行ってくれて、ついでに街のドライブもしてくれる。長女の9歳の誕生日のためにミッキーの腕時計を買ったら、かわいい包装紙で包んでリボンまで付けてくれるサービスをしてくれた。それと子供たちにはチョロッキーを土産に買った。

日本最初の港に着くと検疫官が乗船してきて、乗組員の携帯品リストに沿って果物、アイスクリームなどに検疫済のスタンプを押してくれる。乗組員のお土産品で一番はオレンジで30～40箱もあった。税関も同様にリストと照合して、ウイスキー、フィギア、土産品に検査済スタンプを全て船内で済ましてくれる。

11月20日：オークランド、12月1日：東京、12月2日：名古屋、12月3日／4日：神戸。

本船は通称GGBと呼ばれ、サンフランシスコ湾に架かる金門橋の名前をつけられた。昭和60年6月に川崎重工神戸で建造されたばかりの2代目船で、1航海42日で香港、キールン、釜山、神戸、名古屋、清水、東京、ロングビーチ、オークランド、東京、名古屋、神戸、釜山、高雄、香港を回る。

当初の乗組員は22名だったが、10月には18名、僕が乗船したときは16名だった。その後62年に15名、63年に14名、平成2年8月には13名となり、12月には11名の最終パイオニア船となった。僕が乗船した昭和30年代の貨物船の乗組員40〜50名に比べると船は4倍、5倍と大型化されたがクルーは当時の半数以下の1／3にまで減っていった。

内地ではどの港でも荷役効率が良く、停泊時間は平均6〜7時間。清水港は3〜4時間で最短停泊時間だが、主要な輸出品のオートバイ、楽器、魚・ミカンの缶詰類のコンテナ積み込で毎航海寄港している。出港後は126マイルの東京港まで7時間足らずで到着。休む間もなく入港し、すぐ荷役が始まる。

大洋航海に出たMゼロ運転の航海中で夜間起きて仕事をしているのはブリッジ当直する我々2名のみで、衝突予防の見張りと以前は考えられなかった機関無人化という超近代化船でエンジンルーム内の機器までを任されるような時代となった。時代の流れとはいえ、昭和34年の初乗船の時と比べて機関室が空っぽで無人になるとは想像も出来なかった。

エンジンルームの床にこぼれた油を合理化で機関長やDPCの元甲板部がふき取り掃除するようなことになってしまったのだ。この床のふき取りは機関部員にとってはとても大事なことで、どの機器・パイプ・計器からの油漏れがあったかを知ることにより、いち早く重大事故を未然に防ぐという機関部員には重要な基礎になると教えられた。なのでエンジンルーム内では常にポケットにはウエスを突っ込んでいた。

冬場の北太平洋の航海では大きな高いうねりの上を20ノットの速力で進むと船首のマストのアップダウンでうねりの高さが分かる。船首がうねりに突っ込み、その飛沫が操舵室の窓ガラスを叩き濡らす。船は海に向かって沈むようにもぐり、今度は水平線上に上る様子は陸の人には想像がつかないだろう。

復航の荷もカリフォルニアのオレンジ、グレープフルーツ、メロン、ミルク、アイスクリーム、肉、ソーセージ、玉ねぎ、マクドナルドのポテト等と時代に合った貨物に変わってきた。オレンジは11月を除いてほとんど年中輸入されていて、冬のミカンがある間はミカン栽培農家のため輸入数量が制限されている。オレンジ1箱の重さは18kgで40コンテナには約千箱は入っている。

数時間でコンテナの揚げ積みをしながら港々を回って行き、荷役当直、航海当直、機関の点検・整備保守と忙しい毎日だが、前のLPG船「くりーんりばー」で経験した戦争地域への航海、すなわちイラン軍の攻撃におびえながら昼間は安全な海域で仮泊、夜となればドロボー猫のように行動するペルシャ湾に比べれば、どんなに忙しくても平和な地域での航海は気分が違う。1航海終えて神戸港で下船した。

27　グアム島とロタ島

――石炭運搬船「瑞川丸」

13万3592DWトン　1万4千馬力
昭和61年12月26日～昭和62年7月27日

正月を控えた12月26日、千葉の川崎製鉄所で船舶技士として二度目の乗船。1年半前にも9か月間乗船していた。魚釣り好きには一番の人気の船だ。さっそく多賀安雄船長に挨拶。本船は以前同様に川崎製鉄の積み荷保障でオーストラリア東岸ニューキャッスル、ポートケンブラで積み荷をして、千葉川鉄もしくは水島川鉄に揚げる石炭輸送の専用船である。貨物船、コンテナ船、タンカー、LPG、自動車専用船などに比較して、表現は良くないが、大きな箱を運んで、石炭をどさっと入れてもらって帰ってくるだけの仕事で、気楽で気を張らずにこなせる船である。

乗組員は皆、在来船、コンテナ船、近代化船への転換期で苦労した年齢で、同じような経験を積んでいた。乗組員の半数は以前に一緒に乗り合わせた人達で、杉山航海士には「寺さん、白髪が減って髪が黒くなったね～」と冷やかされる始末で、昭和59年の「ぱしふぃっくはいうぇい」から二度目の乗り合わせとなった。思えばタンカー、自動車船近代化要員、ガス船、コンテナ船での実証実験要員と学んで挑戦の繰り返しで、我ながら苦労の連続だなと思った。足（水深）の揚がった船体を沈めるため2万トンの海水を張り現地に向かうバラスト航海中、レクリエーション大会でパン食い競争、輪投げ、宝物探しなどをしたり、ニューキャスル沖待ちの時の魚釣りでは、アジ、ふえふき鯛、シマアジやサワラが釣れ、素人の僕でも1mもあるサワラを1日に3本釣り上げた。毎日が刺身三昧。煮魚で夜食にしたりもしたし、あまりに釣れすぎたら腕自慢の人はさばいて日干しにして日本まで持ち帰り、家族に送る人もいた。

12月27日に千葉を出て、1月11日ポートケンブラ入港。4日間の積み荷で15日出港。7万トンの石炭を積み込み出港となるが、この港はPara Reef（パラリーフ）という環礁に囲まれているため満潮時でないと船底がつかえて出港できないので、午前4時の出港となった。2月1日千葉に入港し、翌2日出港。2月15日ニューキャッスルに入港し、18日出港。3月3日水島に入港し、翌日5日出港。3月21日ポートケンブラに入港し、28日出港。4月12日水島に入港し、出港は16日と少しゆっくり出来たので岡山市内を見物した。

水島を出港し、点在する小島や六甲山を見ながら大阪湾出口の友が島まで進む。航海は緊張の連続だが、世界最長の吊り橋、明石海峡大橋を船上から眺めながらの景色は絶景だ。0時〜4時の当直が終わり大洋に出る。北米航路やヨーロッパ航路と異なり、ほぼ南へ南へと一直線で南下するので台風以外は実に静かな航海だ。グアム島とロタ島の間を6マイル離して航行する。その間にはグアムのテレビも映る。ジェネラルホスピタルという医者の物語でシリーズものを放映していた。
29日港外に着いたが、先船が荷役中で1昼夜沖待して30日着岸した。その間、主機の燃料噴射弁取り換えや冷却水パイプ破穴口の修理などを行う。エンジンルームが広くて大きい一方で主機や補機はコンテナ船に比べてコンパクト。エンジンルーム内の温度もさほど暑くなくて、仕事がしやすいので助かる。

◇27―1　オールド・シドニーへ観光

この停泊中に乗組員の半数ずつがレクリエーションとしておよそ150km南のオールド・シドニー・タウン（1788～1810年）まで行くことになった。マイクロバスは多賀安キャプテン、2／0杉山さん、3／0宮本さん、繁実君など13名が同じ組で9時半に出発し、ゴスフォードの街に向かう。広々とした大陸の風景を楽しみながら2時間で現地に到着。1975年にオープンした200年前の開拓時代の古い歴史の街を再現したテーマパークで、オーストラリア版の明治村のようだ。教会、牧場、穀物倉庫、製材所、ワイン工場、酒場、処刑場などに加え、当時の人々の衣服、乗り物などを再現している。

到着すると広場でバーベキューが準備されていて、ワイン、ビールと骨付き肉、ソーセージ、生野菜とパンなど腹いっぱい食べた後、広々とした敷地内を見学して午後3時に出発。その帰りには本物のコアラを抱っこさせてくれるコアラパークに寄り、18時前に帰船した。この施設

オールド・シドニーへ日帰り旅行

はその後、お客の減少などで２００７年に閉鎖されたという。５月15日、千葉に入港し16日出港。さらに５月30日に再度ポートケンブラに入港し６月10日出港する。

労働者天国のストライキ天国では、入港するときに水先案内（パイロット）組合のストライキで６月５日まで入港できず、６日に接岸し荷役開始後、荷役終了日の６日からはパイロットボート組合のスト。８日にそのストが終わりやれやれと思いきや、今度はパイロットボート機関士組合のスト。積み荷の遅れと予期せぬ事態が起きるのがオーストラリアだ。10日になってやっと出港できた。また労働者の権利なのか、気温が30度を超すと仕事はしないという規約があるらしい。夏季は内陸部からサンドストームが運ばれてくると同時に、熱風が吹き付けてくると荷役をしない。数十年前、照川丸に乗船し、オーストラリア～南米西岸航路に就航している時に荷役がストップしたことがあった。まさに労働者天国で、感心するというか笑えるというか、これが西洋の考え方なんだと思い知らされることでもある。

6月22日、千葉で入れ出し。7月8日、ニューキャッスル港外に到着したが先船の都合で3日間沖待となり、その間航海中に出来ないメインエンジンの燃料噴射弁・吸排気弁の取り換え、油清浄機の分解手入れを行う。13日に積み荷を終えて出港。

◇27―2　緊急雇用対策が始まり特別退職制度導入

この航海中、世界的構造不況と円高等の要因で会社は5月に合理化計画を発表し、海上従業員4割を減らす緊急案を対外に発表した。不経済・不採算船を21隻減らし、配乗船（Kラインの船員が乗船する船）を3分の2の24隻まで減船して約1600人の海上従業員の4割程度減らす案だった。陸上の職場では情報通信システム部（テレックス、B／L発行手仕舞い業務等）を廃止し、業務の外注化を進めることも発表した。そして、これらの退職者に対して特別退職制度を導入し（すでに各家庭には特別加算金を上乗せした退職金明細が配布されていた）、その内容は本給の26か月分及び20年勤務加算が本給の5か月分加算割り増しを付けるという条件であった。社内に雇用調整委員会を設置し海上従業員を一定期間雇用する受け皿として「神東マリーン」という管理会社が設立されたが、これは給料を下げてボーナスを減らし、休暇を短くして低賃金で労働時間の制限をなくし外国船員並みに働かそうとするものであった。

緊急雇用対策で来年3月までと提示されている特別加算金制度の適用期間内に退職するか神東マリーンという受け皿に籍を移して5年間そこで働くかについては、担当者が訪船して各自に面接して説明や斡旋の仕事をしていたので、自分は逆に陸勤の経験もあり、大阪で勤務できる転職先として子会社のI.E.C（インターモーダル・エンジニアリング・カンパニー）、国際港運㈱、J.E.T（日本高速輸送）に転職させてくれたら早期退職を考えても良いことを担当者に伝えた。以前大阪支店に勤務していた当時、自分は受け渡し部にいて担当者も勤務していた間柄だったので、率直な意見を伝えていた。

この航海では連日伝えられる早期退職制度のことが船内の話題となっていた。いずれ決断する時期が来るだろう。Kラインにしがみつくか、思い切って辞めるか？　働き盛りの47歳、僕にも人生の岐路が目前に迫っていた。

このような状況の中でも、昭和60年度から「連続24カ月災害ゼロ船」表彰制度が導入された。船内で災害や疾病による休業や下船治療等がなかった場合を無災害とみなし表彰されるものであった。同年度は7隻の受賞で、りっちもんどぶりっじ、くりーんりばー、尾州丸、たいたん、アルプスハイウェイ、トウキョウハイウェイ、そして本船も受賞船となり表彰状と金一封が貰えた。

休暇申請をしていて内地着で有給休暇となるので、折角石炭を何時も積んでいたのだから子供たちに石炭の実物を見せてやりたいと思い、B.V.BLAND/S.BULLI/CHABONの3種類の石炭を持って帰ることにした。昭和62年7月27日、水島港で下船。

＊【海技士免許を取得】

昭和62年9月より愛媛県南宇和郡西海町船越の船舶講習所にて、4級海技免許取得のために会社から寺田実さんと2名が派遣された。各船会社から35名の受講生が集まり、遠くは鹿児島県枕崎市の浜口正人さん、青森県上北郡の小又睦男さんなど全国から参加された。国家試験のための授業が朝9時から午後5時まで行われ、航海・北極星緯度法、運用・気象、海図などの講義を受けて12月1日に修了し、12月25日無事に海技免状を交付され受理した。その間、近くのシーサイドホテル「とらや」に3ヶ月間宿泊してオーナーの山下常臣さんと奥様の美代子様には大変良くして頂き、退職後に再度家族旅行でお世話になった。

この資格を持つことで、沿海区域1600㌧未満、近海500㌧未満、遠洋200㌧未満の船長ができる。だがこのご時世で今後どうなるやら……。フェリー会社への出向、派遣などあるかもしれないと不安になる。これまでに数々の免許・資格・免状を取得してきたが、これらをどう使っていくのか先行きが見えない前途多難な時代となった。

28　最後の航海
――ヨーロッパ航路・コンテナ船「とらんすわーるどぶりっじ」

3万5598総トン　燃費116トン　3万6700馬力
昭和63年1月22日～昭和63年3月25日

近代化18名船で雇い入れはＤＰＣ（甲機両用の職務）で大阪で乗船した。欧州航路の「せぶんしーずぶりっじ」での経験もあり仕事上は余り気にはならないが、それ以上に雇用の問題が大きくなっていた。それと母親の病気のことも気になりながらの乗船となった。退職について乗船前に家族とも話し合ったが、「お父さんに任すよ」と言ってくれた。

本船の仕様も係船用のウインチの遠隔操縦装置やコンテナ荷役中のトリムやヒール調整の遠隔制御バラストタンク、清水タンクの遠隔指示計やドラフト指示計などが制御コンソールにセットされていた。また衝突予防レーダーが装置され、航行安全、仕事の軽減、設備の合理化はどんどん進んできている。

昭和55年に欧州航路向けコンテナ船として竣工したが、昭和57年に川崎重工坂出工場で船体を切断して、そこに30ｍの船体中央部をドッキングさせ新しい船体を伸ばすというジャンボ工事が行われた。1823個から2258個積載可能となり、バウスラスター装着、その他海事衛星通信設備（マリサット）も搭載され、世界の全海域より即時電話やテレックス通信が可能となった。これも当社では本船が初めてである。

長さ227m、幅32・20m、速力23ノットの本船が就航する欧州航路は、13年前に「せぶんしーずぶりっじ」で経験済みで、コンテナ船もカリフォルニア航路、ニューヨーク航路で乗船経験は積んできてはいる。しかし、当時とは異なる職種で船員制度近代化総合実験船の甲機両用、船舶技士の資格まで取った。なのに何のため誰のためなのか自問自答しながらの航海となった。

ワンラウンド2か月の航海で動静は以下の通り。

大阪1／22〜23、東京1／24〜25、高雄1／28〜29、香港1／30、シンガポール2／2、スエズ2／10〜11、ルアーブル2／17〜18、フェリクストウ2／19〜20、ロッテルダム2／20〜21、ハンブルグ2／21〜22、スエズ2／28〜29、シンガポール3／14〜15、香港3／17〜18、高雄3／19〜20、釜山3／22〜23、大阪3／25〜27。

◇28―1　222万2222本目のコンテナは大洋漁業

ハンブルグ港では当社のコンテナオペレーター、ユーロカイの1969年創業以来のコンテナ取扱個数が本船で222万2222本目にあたり、その記念式典が本船のサロンルームで行われて、いみじくも当日は2月22日だった。11時15分にガントリクレーンが緑のモールに縁どられ飾られた記念冷凍コンテナを吊り上げた。縦２・３m、横４mの大型パネルには１９６９年以来の取扱コンテナ２２２万２２２２とあり、下には荷主大洋漁業の名前、運送社'K'LINEと本船名が書かれている。関係者の拍手と新聞社のフラッシュの中、招待客などが並んで記念撮影を済ませ本船デッキ上の冷凍コンテナ所定位置に積み付け完了。11時半からは本船キャビンにて船上パーティーが行われた。日本総領事の川上俊之氏、'K'Line ロンドンのクロフォード副社長、デュッセルドルフ駐在員、大洋漁業ＵＫ佐藤取締役、ハンブルグ港専務理事フイッシャー氏、ユーロカイターミナルのミューラー社長が出席され、記念コンテナ模型と記念の盾が藤井船長、吉瀬機関長に贈られた。

ハンブルグでの取扱い個数2,222,222本目のコンテナ（大洋漁業）記念式典

桜の女王のイリス・ゴイ嬢

　パーティーに花を添えたのがハンブルグ15代桜の女王イリス・ゴイ嬢で、その美しい清楚な姿が一段とパーティーを盛りあげた。後日イリス嬢は本船が日本に帰港する前の３月16日から約20日間、独日交流のた

め来日し、竹下総理大臣を表敬訪問後、関西・九州方面にも足を延ばし親善交流に努めたそうだ。

◇28―2　緊雇対と退職

昭和63年4月付の川和会報によれば、海上職船員退職者数が82名にものぼった。船長5名、一等航海士3名、二等航海士3名、三等航海士3名、機関長5名、一等機関士2名、二等機関士2名、三等機関士3名、通信長7名、二等通信士2名、事務長1名、甲板長10名、甲板手11名、操機長2名、操機手5名、司厨長6名、調理手13名となっている。5月には各職80名が退職し、この後も次々と数十人単位で退職が続いたのだ。

日本海運再生のためとはいえ、僕達は日本復興の重要な役割を果たしてきたが、このように日本船員のうち外航船員数はピーク時であった昭和49年（1974）の5万6833名から2015年には2237名まで減少した（国土交通省海事局・日本海事広報協会）。その後、混乗船の時代となり乗組員は日本人4～5名、他はインド人、フィリッピン人、韓国人、ギリシャ人、クロアチア人など外国人の構成で運航されるようになっていった。日本の貨物輸送に外国人が携わり日本船員はいなくなってしまった。有事の際は外国人船員は皆逃げ出して、物資の輸送は止まってしまうと危惧するが、どうするのだろう。まさに隔世の感である。

◇28―3　退職の決断

1航海目の南シナ海を航行中、日本到着前に会社から、子会社の国際港運㈱大阪本社に行かないかと電話があり、母の健康上の問題や家族のためにも、ここらが潮時かなと決断し、30年に及ぶ海上生活にもう思い残すことはない、近代化実験船や実証船の経験もあり、会社に残ってやれる自信もあったが、将来の船員像を思えば合理化、近代化に突き進んでいくのは間違いないだろう。事実、昭和30年代は50名もいた乗組員が、30年後には4万トンのコンテナ船を11名で運航できる時代になったのだ。見切りをつけて受け入れ、希望する転職先でもあったので退職することにした。

大変な苦労の積み重ねでもあったが、思い出すのは楽しかったことばかりが想い浮かんでくる。北欧から南米最南端まで行かせてもらったのだ。

数々の外国航路の船に昭和33年入社後の34年から乗船したが、その長い年月のうちに何と言っても父が戦死したすぐ近くのフィリッピンに行く機会がなかったのは残念で不思議な気がする。これだけ世界中の港々に寄港したのに、この国にだけ行けなかったのは何と皮肉な運命だろう。後でゆっくり来いということだったのだろうか。

昭和63年3月25日、大阪港で最後の船を後にした。そして波瀾に満ちた昭和の時代も終わった。その後、国際港運㈱に就職し第二の人生を歩むことになった。

終わりに

《寛文の誓い（10歳）》

「船をやめたお父さん　いつかぼくが幸せにする」

——「海上の友」新聞　平成元年（１９８９）４月１日号より

ぼくは、お父さんが船をやめたとき、ぼくはこう思いました。お父さんは、会社がつぶれるのを、ふせごうとして、自分からすすんで、やめようと決心したのだと思いました。なかには、きっとお父さんといっしょの考えの人もいたと思います。それに、もし、やめないでみんながいじでやっていたら、会社はつぶれて、しごとをさがすのに苦労してたかもしれません。そしてよい仕事が今だにみつからず、きっと、トラックの運転手になって、お金をかせいでいたと思います。そして今みたいにぜいたくができないし、１カ月のおこづかい７百円なんて、だんぜんむりだと思う。

ぼくは自分から会社を「やめる」と言ったお父さんが大すきだし、とてもそんけいしています。これからも、もし、お父さんがはたらいている会社がつぶれそうになったら、じぶんからすすんでやめてください。きっと、すぐに見つけられるとおもいます。なぜかというと、お父さんはがんばりやさんだし、どりょくかだからです。そして、いつかきっと、幸運がおとずれると思います。それまで、仕事がんばってください。

ぼくが大きくなっても、きっとお父さんのまねはできないかもしれないけど、きっと幸せにさせてみせます。そしてお父さんみたいに、自分のことだけでなく、人のことも考えて生きていくようにどりょくしてみます。そして人のことを考えるようになったら、お父さんに報告します。報告するまで、ぜったいに生きててください。これはぼくからのおねがいです。

海上の友　平成元年(1989年)4月1日　第1251号　(8)

読者から

船をやめたお父さん

いつかぼくが幸せにする

夫の退職から早一年

「海上の友」へ掲載

《注記》

・〝DWトン〟とは、船に積載することのできる貨物、燃料、水などの合計の重量で、船の積載能力を表している。

・〝総トン数〟とは、船の全体の容積を表している。

・〝へぃかち〟とは、見習い船員のことをこう呼んでいた。由来に数々の諸説があり、以下のうち①ではないかと推測。

①イギリスの商船士官が、インド・カチュアール地方出身の下級船員を呼ぶとき「ヘイ・カチィ」と呼んでいた。

②昔海軍で、エリート士官らは水夫、火夫、炊事夫などを「兵の価値無し」として呼んでいた。

③幕府時代、馬にも乗れない兵、徒士などを「かち」と呼び、さらに屁をつけられて「へ・カチ」となった。

《謝辞》

これまでの記憶の確認作業や電話やメールの問い合わせに快く答えていただいた乗組員OBの方々、小森哲男船長、長船英二郎船長、大阪湾パイロット杉山重三さん、瀬戸内海パイロット小林英明さん、小池祥道機関長、香川県の安藤義貞さん、長崎県の繁美貞和さん、長崎県の森常恭さん、京都舞鶴市の山下文夫さん、山田重男さん、そして寄港地の出入港記録を送ってくれた三重県の大貫正博さん、八尾市の安東正美さん、入社後初乗船の石炭蒸気機関船「極東丸」の写真や体験を語ってくれた中井健夫さん、本当に有難うございました。

また、『川崎汽船90年史』を記録に役立ててほしいと無償で送付していただいた総務チームの伊藤智哉様、パソコンでの原稿校閲方法などを助言してくれた河村直樹様、100年史広報グループ社史編集室・二口正哉様、問い合わせの船舶明細情報を調査していただいた川和会・伊達祐史様、鍋島誠船長。3か月に及ぶストライキの船舶数や組合員数など調べていただいた全日本海員組合関西地方支部・遠藤将実様。組合活動の情報などの他、藤丸徹様には加筆修正にも協力してもらいました。有難うございました。また掲載した船の写真の一部は川崎汽船からの提供を受けたものもあります。心より感謝申し上げます。

この度の上梓にあたり拙著ながら、商船の移り変わり、知られていない生々しい船員の生活と仕事ぶり、航海記録・伝統など、世界に〝丸シップ〟(日本船の代名詞)と謳われていた時代を知っていただけたらと願います。

寺村　道寛（てらむら みちひろ）

昭和 16 年 12 月 10 日、鹿児島県生まれ。大阪府河内長野市在住。
昭和 33 年 10 月、国立唐津海員学校卒業。飯野海運㈱入社。
（昭和 39 年 4 月、川崎汽船㈱と合併）
貨物船「久島丸」に甲板部員として初乗船。
タンカー、石炭運搬船、自動車専用船、LPG 船、冷凍冷蔵運搬船、重量物船、鉱油船、コンテナ船など 28 隻に乗船。
昭和 63 年 8 月、国際港運㈱入社、国際営業部 2 課勤務。
平成 11 年 8 月、㈱日本プロジスティックス設立、社長就任。
平成 24 年 1 月、社長退任、会長・相談役就任。

へぃかち航海記 ―外国航路 30 年の航跡―

2021 年 12 月 3 日　第 1 刷発行

著　者　寺村道寛
発行人　大杉　剛
発行所　株式会社 風詠社
〒 553-0001 大阪市福島区海老江 5-2-2
大拓ビル 5 - 7 階
TEL 06（6136）8657　https://fueisha.com/
発売元　株式会社 星雲社
（共同出版社・流通責任出版社）
〒 112-0005 東京都文京区水道 1-3-30
TEL 03（3868）3275
装幀　2 DAY
印刷・製本　シナノ印刷株式会社

ISBN978-4-434-29770-0 C0095